职业技能培训教程

高级育婴师

山西省妇女儿童发展中心　组织编写

中国劳动社会保障出版社

图书在版编目(CIP)数据

高级育婴师/山西省妇女儿童发展中心组织编写. —北京：中国劳动社会保障出版社，2010

职业技能培训教程

ISBN 978-7-5045-8807-4

Ⅰ.①高…　Ⅱ.①山…　Ⅲ.①婴幼儿-哺育　Ⅳ.①TS976.31

中国版本图书馆 CIP 数据核字(2010)第 227678 号

中国劳动社会保障出版社出版发行

（北京市惠新东街 1 号　邮政编码：100029）

出 版 人：张梦欣

*

北京隆昌伟业印刷有限公司印刷装订　新华书店经销

850 毫米×1168 毫米　32 开本　5 印张　117 千字

2010 年 12 月第 1 版　2017 年 1 月第 12 次印刷

定价：12.00 元

读者服务部电话：（010）64929211/64921644/84626437

营销部电话：（010）64961894

出版社网址：http://www.class.com.cn

编审委员会

编写人员

主　编：闫芳华

参　编：冯艳华　樊茂枝　王琳鋆　张　丽
郑瑞花　张冬花　白彦青　姜晓春
刘　芳　郭红梅　王　俊

序

当《育婴员》《育婴师》《高级育婴师》这套书拿在我手上时，我的感受是恰当其时、弥足珍贵。这是一套专门针对育婴员的专业培训教材。在我们这个社会大分工的时代，每一个领域都需要它的专业人员，在育婴领域，这个名字就叫育婴员。国外对育婴员有一个崇高的称号：人生起步阶段的领路人。

我们知道，0～3岁的孩子正处于成长的巅峰期，人的一生中80％～90％的精细动作、语言形成等都要在这3年中奠定基础。党和政府高度重视婴幼儿教育，育婴员作为一项新型职业，也已正式列入中国职业大典。我们也知道，育婴事业是一个“关注明天、拥抱未来”的事业，但在我国还只是刚刚兴起，而且目前在我国学历教育机构中，尚未开设专门针对0～3岁婴儿教育的专业。

这套育婴专业培训教材是应教育所需、市场所需之作，也是应国家所需、家庭所需之作。党和国家把发展家庭服务业作为扩大内需、改善民生、调整产业结构、促进创业就业的有效途径、积极举措和重要领域。就在此书即将付梓之际，国务院又研究部署发展家庭服务业的政策措施，特别强调要加强就业服务和职业技能培训。而妇女是发展家庭服务业的主体、主角和主力，妇联在发展家庭服务业上责任重大，作用举足轻重。

这套育婴专业培训教材以传播科学育婴理念为核心，以育婴专业服务为主旨，以培训育婴专业人才为目标，紧贴育婴员国家职业标准，内容涵盖丰富，专业规范，既融入了营养学、心理学、教育学、护理学等基础理论，又突出了实用性、可操作性，既体现了教养合一、保教渗透，又重视了科学婚孕、亲子教育。为育婴这一新型职业的进步与发展插上了飞翔之翼，也将成为家庭教育、妇女就业的好帮手、好参谋、好老师。

这套育婴专业培训教材是在全国妇联的指导、山西省妇联的支持下完成的，编写者是山西省妇女儿童发展中心。作为山西省妇联的直属单位，同时作为山西省省级定点示范培训机构，他们竭诚为社会服务、为妇女服务的职业责任感和使命感，令我们敬佩，值得我们学习。他们顺应时代发展、适应市场需求的开创性之举，为推进 0～3 岁婴儿教育迈向科学化、职业化，为育婴职业技能培训步入规范化、系统化，作出了积极的、历史性的贡献。

为了民族兴旺、国家强盛，期望有更多的妇女姐妹勇敢地加入到育婴这一神圣的事业中，早日成为合格的育婴员；期望广大的家长朋友让每一个儿童都享有一个最佳的人生开端，成为合格的家长；期望各级妇联组织以发展家庭服务业为己任，为培养一支合格的高素质的育婴工作者队伍而不懈奋斗。

山西省妇联主席

李悦娥

2010 年 9 月 14 日

编者的话

育婴业是一个崇高职业，也是全人类进步和发展的一项神圣事业。进入新世纪以来，育婴业悄然兴起，且发展迅捷。为了适应时代发展的需要，给培训正规的育婴人才提供一个规范的标准教程内容，我们抱着为提高全民族素质作出实质性贡献的理想和热情，以中华人民共和国人力资源和社会保障部制定的育婴员国家职业标准为指导，根据0～3岁婴儿生理、心理发育的特点，采取理论知识和实际操作技能相结合的方式，编写了《育婴员》《育婴师》《高级育婴师》这套培训教材。

《育婴员》一书围绕“尊重权利、满足要求、科学养育、关注个性、顺应发展、有效回应、培养习惯”的婴幼儿基本教养理念，以基础知识和实际操作为重，旨在通俗易懂，专供具备初中和高中文化程度的初学者学习。根据近年的社会调查和工作实践，我们认识到人才的培养不是从上学开始，也并非从出生开始，而是从胎儿期，甚至从受精时就开始了。因此，我们在《育婴员》这本书里增加了科学婚孕的相关知识，这是本书与其他育婴类教材的重要区别，是对育婴类书籍的丰富和拓展。

《育婴师》一书较之《育婴员》一书在理论知识的层面上有明显的提高，更多地融入了营养学、心理学、护理学、医学、教育学等基础理论，并附列了育婴实施细则的教程，专业性和实用性更强。根据市场需求，育婴师要具备入户指导育婴员和家庭成员的理论水平和专业能力。

《高级育婴师》则主要侧重为育婴员、育婴师授课，指导育婴员提高实际操作能力，培训育婴师深化理论水平，为家庭、家长学校、育婴员（师）提供理论支撑。针对婴幼儿早期教育存在的一些现实问题，我们还在《高级育婴师》一书中增加了家庭教育艺术的章节和亲子教育教案、亲子教育案例的内容，从而使本书更具针对性、指导性和时代特征。

我们希望这套育婴专业培训教材的出版，能够对育婴事业的规范化和市场化，对婴幼儿教育的改革和发展，对我国家庭服务业的繁荣和昌盛有所裨益、有所作为、有所贡献。

山西省妇女儿童发展中心

2010年10月

目　录

01 第一章

生活照料

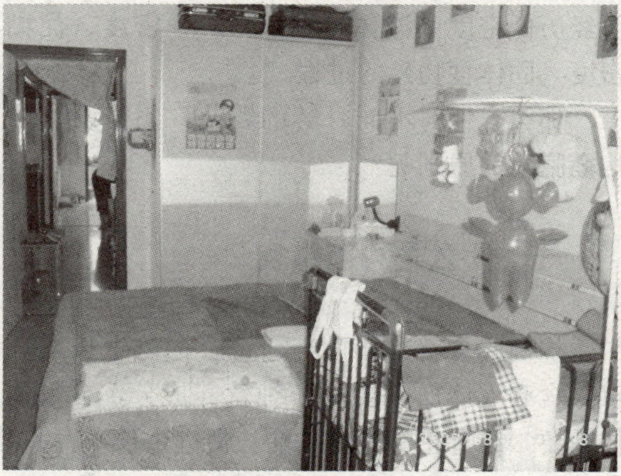

第一节　饮　　食

高级育婴师应能够根据婴儿生长发育规律，明确婴儿消化道成熟度与营养密度的关系，科学、合理地设计婴儿食谱和配制婴儿膳食。

婴儿的身体发育需要摄取食物中的营养素，而婴儿消化道在发育中要经历由不成熟到成熟的过程，与之相适应的食物也要经历低密度（液体食物）——中密度（泥糊状食物）——高密度（固体食物）的过程。

那么，针对不同月龄的婴儿，怎样设计婴儿食谱才能符合均衡膳食的原则呢?

一、什么是均衡膳食

均衡膳食就是膳食必须符合个体生长发育和生理状况等特点，含有人体所需要的各种营养成分，含量适当，全面满足身体需要，维持正常生理功能，促进生长发育和健康。

二、婴儿均衡膳食的原则

1. 品种多样

从 4 个月开始，可给婴儿逐量添加泥糊状辅食，等婴儿适应了一种食物后再添加另一种，逐渐增加辅食品种。婴儿 1 岁以后，从以乳制品为主食逐渐向半固体、固体食物转化，食物品种也应日趋多样化，一般包括：

谷类及薯类：米、面、杂粮等；

动物性食物：肉、禽、鱼、蛋、奶等；

豆类及其制品：黄豆、豆腐、豆浆等；

蔬菜水果类：根茎类、叶菜类、鲜果类等；

纯热能类：动植物油、淀粉、食糖等。

以谷类为主食，如大米、小米、面粉、高粱、玉米等，动物性食物、各种蔬菜和水果等也要兼而有之。单一的食物不能满足婴儿对营养素的多样化需要。

2. 饮食适量

根据婴儿月龄和身体状态，婴儿每天饮食一定要合理定量，或多或少都会给婴儿生长发育造成不良影响。一般情况下，在喂养过程中要遵循每天三餐两点的膳食制度，即早、中、晚三餐，再加上、下午点心各 1 次。按照早上吃饱、中午吃好、晚上吃少的原则安排一日食谱。两餐间隔时间一般不超过 4 小时。

1～3 岁婴儿每天摄入食物参考量为：

粮食 125 克，蔬菜和水果 100 克，蛋 1 个，禽、鱼、肉 50～100 克，豆制品 25 克，配方奶粉 500 毫升，植物油少许。

早餐：有奶或粥，再配肉类、蛋类、豆类，热能达到一天总热能的 30％左右。

午餐：有米饭或面食，再配一荤一素一汤，热能达到一天总热能的 40％左右。

晚餐：面点、荤菜、素菜、粥，热能达到一天总热能的 25％左右。

加餐：上、下午加食饼干、面包、蛋糕、水果等，热能达到一天总热能的 5％左右。

3. 营养素比例适当

营养素摄入过量、不足或不平衡都会不同程度地引起人体生理的异常或发生疾病。高级育婴师可根据婴儿的身体状况，参考各食物的营养成分配置婴儿食谱。

4. 合理搭配

婴儿的膳食应做到动物性食物与植物性食物搭配、荤素搭配、粗粮与细粮搭配、干稀搭配、咸甜搭配合理。

5. 不宜太咸

食盐的主要成分是氯化钠，婴儿肾脏发育不成熟，排钠能力差，食盐过多易损伤肾脏。通常，食盐的供给量以 1～2 岁每天 1～1.5 克，2～6 岁每天 2.5～3.5 克为宜。

三、不同月龄和年龄婴儿的膳食指南

婴儿咀嚼和肠胃消化能力尚未健全，喂养不当易发生消化紊乱，具体标准参照 2008 年 4 月 8 日中国营养学会妇幼分会发布的《中国孕期、哺乳期妇女和 0～6 岁儿童膳食指南》，高级育婴师应能够根据当地饮食习惯合理编写符合实情的 0～3 岁婴儿饮食食谱。

1. 0～6 月龄婴儿膳食指南

(1) 纯母乳喂养。

(2) 产后尽早开奶，初乳营养最好（能增强婴儿免疫力）。

(3) 尽早抱婴儿到户外活动或适当补充维生素 D（在医生指导下）。

(4) 给新生儿和 1～6 月龄婴儿及时补充适量维生素 K（在医生指导下）。

(5) 不能用纯母乳喂养时，宜首选婴儿配方食品喂养。

(6) 从 4 个月开始逐量增加泥糊状食品（鸡蛋、谷物类、蔬菜水果类等）。

（7）定期监测生长发育状况。

母乳是 6 个月以内婴儿最理想的天然食品。新生儿期应按需哺乳，满月后可根据婴儿需求养成定时哺乳的良好习惯。

2. 6～12 月龄婴儿膳食指南

（1）奶类优先，继续母乳喂养。

（2）及时合理添加辅食。

（3）尝试多种多样的食物，膳食应少糖、无盐、不加调味品。

（4）逐渐让婴儿自己进食，培养其良好的进食行为。

（5）定期监测生长发育状况。

（6）注意饮食卫生。

3. 1～2 岁婴儿膳食指南

（1）继续喂食母乳或其他乳制品，并逐步向多样食物过渡。

（2）选择营养丰富、易消化的食物。

（3）给婴儿吃多样食物，使其养成不挑食、不偏食、不贪食的良好习惯。

（4）让婴儿不吃或少吃零食，以保证其正餐时有旺盛的食欲。

（5）培养婴儿定时吃饭。

（6）定期监测生长发育状况。

4. 2～3 岁婴儿膳食指南

（1）采用适宜的烹调方式，单独加工制作婴儿膳食。

（2）在良好环境下规律进餐，重视良好饮食习惯的培养。

（3）鼓励婴儿多做户外游戏与活动。

（4）每天足量饮水（白开水），最好少喝或不喝含糖高的饮料。

（5）定期监测生长发育状况。

（6）确保饮食卫生，严格餐具消毒。

四、科学烹制婴儿食物

婴儿从进食乳制品为主向多样化饮食转变的过程中，因受咀嚼功能和肠胃吸收功能的特殊性限制，所用膳食与成人有较大区别，在烹制方法上应注意以下内容：

1. 要注意色、香、味、形俱全，尽量减少食物营养素在烹调过程中的损失，使食物更适合婴儿的口味，便于消化和吸收。如胡萝卜和豆制品可采用不同的刀法，制成片、丝、块、卷等形状，配以带馅的面点和营养丰富的蔬菜汤，组成色彩鲜明的饭菜，调动婴儿的食欲。

2. 食物应去骨去刺，尽量切小、切细、切碎，如可制成菜泥、肉茸等。

小提示

如需以豆子、玉米粒、花生米等作为婴儿食物原料，应碾碎后烹制，切勿整个使用，以免被婴儿吸入气管，发生危险。另外，最好不要用醋腌制品和咸菜制作婴儿食物。

3. 烹调方法以炒、煮、蒸、焖、烩、煨等为主，炸、煎、烤尽量少用或不用。

五、婴儿汤谱

由于婴儿的肠胃和消化功能都还没有完全发育成熟，所以在给婴儿添加辅食时，最好选择有营养、易吸收的食物，在从乳制品向固体食物转化的过程中，添加汤类可以起到很好的过渡作用。

高级育婴师应了解婴儿常用汤谱的功效，并能正确调配、制作，或指导育婴员、育婴师或雇主制作。这里介绍几种适宜婴儿饮用的汤的制作方法。

1. 猪肝汤

动物肝脏具有补肝养血、明目的作用，菠菜有补血作用。猪肝与菠菜相配，营养价值更高，可以促进人体的新陈代谢，有利于婴儿的生长发育。

做法：

（1）猪肝洗净，切成碎丁，放入碗内，加入少许精盐、水，腌片刻；菠菜择洗干净，在开水锅中烫一下，捞出，切成小段。

（2）锅置旺火上，加入植物油浇热，下入葱、姜末爆香，加入水，烧沸后将碗中肝丁连水一并下锅，烧沸后撇去浮沫，猪肝煮至断生即可，不要煮老，以免影响口味。

（3）下入菠菜，开锅后先盛出菠菜，再烧 3 分钟后，即可全部倒入碗内。

2. 骨枣汤

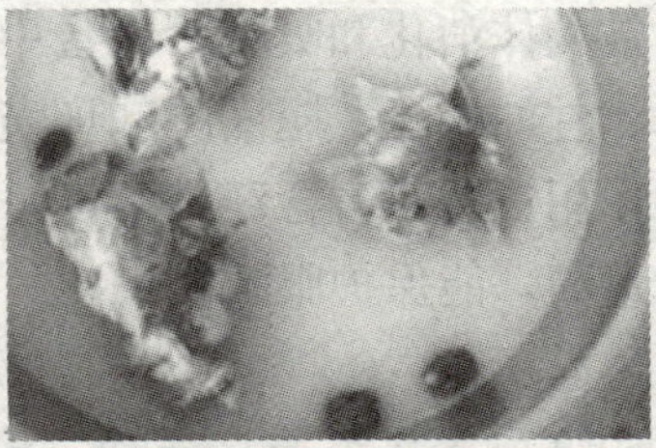

动物骨中含有丰富的钙、髓质，还含有其他营养成分，红枣可补中益血。骨枣汤益髓养血、助骨生长效果明显，对婴儿生长发育极其有益。

做法：

（1）将骨头（长骨或脊骨，猪、牛、羊骨均可）洗净捣碎，与红枣、生姜同置煲内，加水适量，用旺火烧沸。

（2）改用文火烧 2 小时以上，汤稠之后，根据喜好调味即成。少用或不用味精。

3. 豆腐苦瓜汤

豆腐甘寒，苦瓜苦寒，均能起到清大热，清胃降火的作用，便秘婴儿食用更佳。

做法：

(1) 将豆腐切成小块，苦瓜洗净，切成薄片。

(2) 沙锅中加适量水，用文、旺火交替煲2小时，至瓜烂、豆腐熟，再加入调味品，即成。

4. 香菇鸡蛋汤

香菇鸡蛋汤的原料为香菇、鸡蛋、海米、韭菜。香菇含有丰富的蛋白质，其含量可以和肉类相媲美，并且含有人体必需的8种氨基酸，很容易被人体吸收，非常适合婴儿食用；鸡蛋中含有多种维生素和氨基酸，比例与人体很接近，容易被人体消化和吸收，鸡蛋中含铁也较丰富，鸡蛋黄中的卵磷脂、甘油酸酯、胆固醇和卵黄素对神经系统和身体发育有很大的作用；韭菜富含纤维素，可以防治便秘，韭菜中的维生素A含量高，能保护眼睛。

做法：

(1) 香菇去蒂，洗净，切成小丁，焯水。海米用温水洗净，切碎。韭菜择洗干净，切碎。鸡蛋磕入碗中打散，搅拌均匀。

(2) 锅内添水用大火煮开，放入碎海米。煮开后用小火慢煮15分钟，放入香菇丁。淋入搅好的鸡蛋液，再煮1分钟左右。

(3) 加盐调味，出锅前放碎韭菜稍煮即可。

5. 牛肉萝卜汤

牛肉享有“肉中骄子”的美称，含有丰富的铁质、蛋白质和维生素，是一种有益健康的肉类。牛肉中的氨基酸组成比猪肉更接近人体需要，能提高机体抗病能力，对促进婴儿生长发育特别有益；白萝卜含有粗纤维，具有促进消化、增强食欲、加快胃肠蠕动和止咳化痰的作用。牛肉萝卜汤适合1岁半以上婴儿食用。

做法：

(1) 牛肉洗净，放入滚水中，去秽血，捞出后切成小块备用。

(2) 白萝卜切小块，老姜去皮后切成片，葱切段备用。

(3) 以上材料放进锅内炖约3小时即可，食用时依个人喜好调味。

6. 苹果蜜枣瘦肉汤

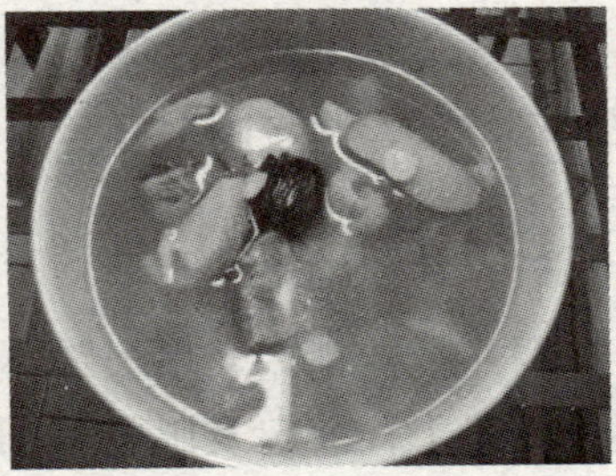

婴儿秋天常食用此汤可润燥生津。适于秋季天气干燥，婴儿干咳无痰、皮肤干燥时食用。

做法：

苹果去皮、核，切片，与瘦肉、蜜枣同放入锅里，加适量清水，煲1小时后便可食用。

第二节 饮 水

高级育婴师除及应掌握基本的喂水知识和技能外，还应该能够指导育婴员、育婴师正确识别婴儿脱水，并能以实操形式进行脱水后的紧急处理。

一、什么是脱水

脱水是指水分摄入不足或丧失过多引起的体内液体过量减少。脱水时除丧失水分外，通常还伴有钠、钾和其他电解质的丢失。常见的脱水原因有腹泻、呕吐或进奶量严重不足、肠胃吸收不良及发热大量出汗等。

1 岁以内婴儿每日每千克体重需水量为 120～160 毫升，1～3 岁婴儿每日每千克体重需水量为 100～140 毫升。这些需要的水分除由进食供给外，还需要另外补充。夏天气温较高，婴儿排出大量的汗液，需要比其他季节补充更多的水分。这时如果不及时补充水分，容易发生脱水。

二、评定婴儿脱水的标准

育婴人员主要根据婴儿前囟、眼窝、皮肤弹性、循环情况、尿量等特征，判定脱水程度。

1. 轻度脱水

婴儿精神稍差，略烦躁不安；皮肤稍干燥、弹性尚可，口唇黏膜略干；前囟及眼窝稍凹陷，哭时有泪；尿量稍减少。失水量每千克体重为 30～50 毫升。

2. 中度脱水

婴儿精神萎靡或烦躁不安，皮肤苍白干燥、弹性差，口唇黏膜干燥；前囟及眼窝明显凹陷，哭时泪少；尿量明显减少。失水量每千克体重为 50～100 毫升。

3. 重度脱水

婴儿精神极度萎靡，重者昏睡甚至昏迷；全身皮肤有花纹，发灰、干燥，弹性极差；前囟及眼窝深凹陷，哭时无泪；重者休克，表现为脉搏细速、血压下降、四肢厥冷；尿量极少或无尿。失水量每千克体重为 100～120 毫升。

三、婴儿脱水的处理方法

观察婴儿的体征，可以大体了解婴儿脱水的程度。如果注意到婴儿有轻度脱水的迹象，必须立即采取措施，防止婴儿脱水状况进一步加重，可先采取简单的家庭补水方法：

米汤一碗加精盐半小勺，再加白糖约 2 小勺，煮沸放凉服用。

要鼓励婴儿多喝，喝的速度要缓慢，可使用奶瓶饮用，也可用小勺喂，每 1～2 分钟喂 1 勺。

如果发现婴儿有中重度脱水迹象，必须立即去医院就诊。

小提示

注意不宜用饮料补水，让婴儿充分休息。

在炎热的夏季，不要把婴儿捂得太严，室内温度也要适宜，更不要关闭窗户，以免人为地造成婴儿脱水。

第三节　睡眠、二便、三浴

一、提高婴儿睡眠质量

睡眠有助于婴儿生长发育，有助于脑发育，有助于记忆力的增强。新生儿几乎所有的时间都在睡眠，以后随着婴儿的生长发育，睡眠时间逐渐缩短。

人体下丘脑中的脑垂体分泌生长激素，生长激素促进骨骼、肌肉、结缔组织和内脏的生长。80%的生长激素在人夜间睡眠时分泌，尤其是前半夜分泌较多，在入睡初期的深度睡眠时分泌最多。高级育婴师应能够正确处理婴儿常见睡眠问题，有计划、有规律地培养婴儿逐渐养成良好的睡眠习惯，并指导育婴员、育婴师掌握相应技能。

0～3 岁婴儿常见睡眠问题及解决方法

月龄	常见睡眠问题	原因	解决方法	备注
0～3个月	睡觉时突然哭闹	饿、尿，也有可能是做了不愉快的梦	先弄清楚婴儿的需求是什么，如没有尿也不饿时，只需抱起来安抚	让婴儿养成良好的睡眠习惯，有规律的作息，睡前吃饱，白天多活动，创造舒适的睡眠环境，及时观察婴儿是否有瞌睡的表现
	大人会影响婴儿的睡眠	和大人同睡	尽量让婴儿睡自己的小床，让小床挨着大床	

续表

月龄	常见睡眠问题	原因	解决方法	备注
4～6个月	多有夜间突然惊醒	这类婴儿属于敏感型，对外界环境很敏感	为婴儿创造舒适的睡眠环境，婴儿卧室光线适当暗些，婴儿睡眠时尽量避免噪声	睡觉前的准备：在固定的时间段，给婴儿洗澡，做一次婴儿抚触操；创造安静的睡眠环境，调暗灯光，关掉电视等；睡前吃饱；让婴儿自己逐渐入睡
	睡觉时爱出汗	代谢较强，体温调节功能还不完善	常摸婴儿的小手和头部，观察出汗规律，及时增减衣物和被褥	
7～12个月	边吃奶边睡觉	大人造成婴儿不良的睡眠习惯	把喂奶的时间提前，可让婴儿吃奶后玩一会儿再睡觉	安全睡眠注意事项：不要让婴儿趴着睡，不要在婴儿附近抽烟；保持房间温度适宜，不要给婴儿盖得太多；婴儿的衣服不要过于宽松，防止掀起盖住头部；婴儿床不要放在电器旁边，不要把系有细绳、带子的奶嘴带在婴儿身上，不要睡过软的床
	白天睡觉，半夜起床玩	白天婴儿所在的环境光线较暗，易导致睡眠规律混乱	白天多带婴儿到光线明亮的地方，如室外树荫下、阳台等；夜晚要调弱房间灯光，让婴儿能够分辨白天和黑夜	
1～3岁	做噩梦	是婴儿情绪的反映	把婴儿抱起来安抚，第二天可与婴儿交谈有关梦的内容	白天最适合小睡的时间：婴儿逐渐长大，白天只睡一次，最佳的睡眠时间是在午后，让婴儿午睡后，到晚上睡觉前最少间隔 4 小时以上

小提示

照料婴儿睡眠应注意：

◇ 婴儿睡前玩的时间不宜过长，神经不宜过度兴奋，不要让婴儿过度疲劳。

◇ 婴儿睡眠时不宜穿的或包得太多、太紧。

◇ 婴儿晚餐不宜吃得过饱，睡前最好不要吃零食，也不要饮水过多。

◇ 婴儿的睡眠环境应室温适宜，避免空气干燥、灯光太强、噪声太大等。

二、如何辨别婴儿大小便异常

婴儿的大小便可以反映出婴儿近期的身体状况，因此要十分关注婴儿大小便的量、色、次数和气味。辨别婴儿大小便是否异常，如果异常，查找引起婴儿大小便异常的原因，及时掌握婴儿的健康状况。

1. 识别婴儿小便是否异常

（1）排尿量的正常与异常。婴儿在不同年龄，尿量并不相同。在刚出生的 0～2 天时，由于进食量少，尿量会很少，随着婴儿逐渐长大和进食量的增加，尿量会逐渐加大。由于婴儿存在个体差异、每个婴儿每日饮水量不同及所在环境气温高低不同，因此尿量会有较大的差异。

正常尿量参考值：

新生儿生后 48 小时一般每小时为 1～3 毫升每千克体重；

2 天内平均尿量每天为 30～60 毫升；

3～10 天平均尿量每天为 100～300 毫升；

2 个月内平均尿量每天为 250～400 毫升；

1 岁内平均尿量每天为 400～500 毫升；

3 岁内平均尿量每天为 500～600 毫升。

（2）排尿次数的正常与异常。新生儿在 0～5 天时，每日尿 4～5 次；6～10 天的婴儿每日尿 20～25 次；6 个月至 1 岁的婴儿，随着泥状和糊状辅食的增加及肾功能的逐渐完善，每日排尿次数减少为 15～16 次；2～3 岁的婴儿每日平均排尿次数为 10 次。如果婴儿排尿次数明显增多，但不伴有尿量增加，可能是病理性的，应及早带婴儿去医院。

小提示

有的婴儿受到了家长训斥或听了恐怖的故事，就会尿频，这是因精神因素引起的尿频，待去除引起尿频的精神因素后，症状马上就会消失。

（3）尿色的正常与异常。正常情况下，婴儿的尿液为无色、透明或呈浅黄色，存放片刻后底层稍有沉淀。新生儿最初几天尿色发深，稍有混浊，冷却后呈淡红色，这是尿酸盐的结晶，数天后会消失，属正常现象。婴儿在饮水多、出汗少时尿色浅，在饮水少、出汗多时则尿色深。通常早晨第一次排出的尿，颜色较白天深。

因为婴儿肾脏未发育成熟，吃了含草酸盐或磷酸盐的食物，如菠菜、苋菜、香蕉、橘子、苹果等，尿排出后遇冷会形成结晶，使尿变混浊，这属正常现象。婴儿患病而服用痢特灵、黄连素、复合维生素 B 等，会使尿液变成金黄色。

出生不久的婴儿小便发黄，有可能是新生儿黄疸，如果是较大一点的婴儿，有发烧、乏力、食欲明显减退并有恶心、呕吐、尿液深黄等现象，最好到医院检查一下肝功能。

婴儿尿呈乳白色并伴有发烧、尿痛现象，可能是小便中含有大量的脓细胞，应该到医院做进一步检查。

若婴儿尿呈鲜红色或肉红色，可能是血尿，血尿是许多疾病的信号，需立即到医院查明原因。

（4）尿味的正常与异常。婴儿的新鲜尿液带有一种淡淡的芳香，在放置一段时间后因尿中的尿素分解为氨，可出现明显的氨臭味。但如果婴儿刚排出的尿有一种特殊的霉臭味，并伴有智能逐渐低下，则婴儿很可能患了苯丙酮尿症，需立即送医院检查并诊治。

（5）自控排尿的正常与异常。婴儿从出生到最初几个月排尿纯属反射性的，只有在膀胱充盈时才会排尿。到了 5～6 个月大时，条件反射逐渐形成，可在大人把尿时排尿。大约 2 岁后，婴儿才有可能自主排尿。如果 2 岁以后婴儿仍不会自主排尿，需到医院查明原因。

2. 识别婴儿大便是否异常

观察婴儿大便性状是了解婴儿消化状态的重要途径，也是调整婴儿饮食的重要依据。育婴人员对婴儿每天的大便次数要心中有数，每次的大便，都应该在光亮处仔细观察，看性状、闻气味。

新生儿的胎便通常没有臭味、状态黏稠、颜色近墨绿色；母乳喂养的婴儿大便为金黄色的软糊便；人工喂养的婴儿大便多为土黄色的硬膏便。

婴儿从4个月开始添加辅食，随着辅食数量和种类的增多，婴儿大便多为黄色或棕色，形状呈软条状或糊状。随着婴儿固体食物食用量的增加，婴儿的大便逐渐接近成人。

大便的颜色与食物有关，如橘汁使大便发绿，番茄汁使大便发红等。

如果大便的次数或稠度有改变，应及时调整婴儿及母亲的饮食。如大便次数增多、呈蛋花样、水分多、有腥臭味，或大便出现黏液，脓血或鲜血，则为异常大便，应及时就诊。就诊时应留少许异常大便，带到医院化验，以协助诊疗。

3. 腹泻和便秘的预防和护理

（1）腹泻。腹泻是由多病原、多因素引起的，以大便次数增多和大便形状改变为特点的消化道综合征。6个月至2岁婴儿发病率高。

1）腹泻的常见原因：

◆ 饮食因素——喂养不当，食物过敏。

◆ 气候因素——气候突然变化，腹部受凉使肠蠕动增加；天气过热消化液分泌减少等。

◆ 病毒感染——秋冬季80%的婴儿腹泻是由病毒感染引起的，最常见病毒为轮状病毒。婴儿大便稀水样或蛋花汤样，每日10～20次左右，易合并脱水。

◆ 细菌感染——常见细菌有大肠杆菌、沙门氏菌。婴儿发热明显，大便有黏液、脓团及血丝等，易引起惊厥。

2）腹泻的预防和护理方法：在哺乳或冲泡奶前及接触婴儿前后都应洗手；用煮沸过的温开水冲泡牛奶，没有喂完的奶不可留置下一顿；奶瓶应及时清洗、煮沸消毒；勤换尿布，每次大便后用温水清洗肛门。尿布清洗后煮沸10分钟，太阳下晾晒。如臀部皮肤发红或有小丘疹可外涂鞣酸软膏，臀部皮肤破溃，可以用普通灯泡（40瓦）烤，灯泡距臀部30～40 cm，每日1～2次，每次10～15分钟。但要注意守护在旁，以避免婴儿烫伤。

小提示

婴儿腹泻，常伴有脱水，此时不宜仅给婴儿喝白开水，而应根据脱水程度给婴儿补液。轻度脱水口服补液可选择口服补液盐（ORS），饮用水稀释后分次口服。如没有口服补液盐，可给婴儿喝糖盐水。也可口服肠道微生态制剂，如妈咪爱、肠复康、金双歧、见飞达等，但不要滥用抗生素。

中、重度脱水或呕吐明显不能口服补液者，需及时到医院静脉补液。

家有腹泻婴儿，不主张禁食，但需遵循少食多餐的原则喂食。可以将小米小火炒至焦黄，然后加水熬成粥给婴儿服用，具有吸附止泻的作用。

（2）便秘。便秘是指粪便在结肠内停留时间过久，水分被过量吸收，致使大便干硬，大便次数减少，排便困难。

1）便秘的常见原因：

◆ 饮水量少，特别是天气炎热时。

◆ 人工喂养的婴儿，配方奶粉中酪蛋白和钙结合形成不能溶解的钙皂，易导致便秘。

◆ 食物中碳水化合物少。

◆ 食物中纤维素少。

◆ 营养不良、佝偻病的婴儿，肠蠕动慢。

◆ 经常灌肠和服用泻药可使肠道的敏感度减弱，可加重便秘。

◆ 婴儿生活不规律和缺乏按时大便的训练，未形成排便的条件反射。

◆ 婴儿活动少，肠壁肌肉乏力，蠕动减慢而便秘。

2）便秘的预防和护理方法：

◆ 多饮水。6 个月以内的婴儿排便时间延长，绝大部分是由于饮水量不足。要给婴儿适量多喂白开水，也可喂蔬菜水、果汁、蜂蜜水等。

◆ 食物中增加碳水化合物，如吃香蕉、番茄、柚子等。

◆ 食用配方奶粉的婴儿，如果 5～7 天以上大便 1 次，大便干硬，可选用含乳清蛋白较高的奶粉。

◆ 食用含膳食纤维较高的食物，如燕麦、小米、红豆、绿豆、玉米和芹菜、萝卜、小白菜、红薯、山药等。

◆ 加强排便习惯的训练。婴儿从 3～4 个月起，可根据其生活规律，定时把便，建立其排便的条件反射。最好清晨起床后，喝一杯新鲜的温开水，然后排便。

◆ 服用肠道微生态制剂，如妈咪爱、整肠生、金双歧等。

◆ 用手掌轻轻摩擦婴儿的腹部，以脐部为中心，顺时针方向旋转按摩，按摩 10 次休息 5 分钟，反复进行 3 回。

小提示

婴儿便秘，必要时可使用开塞露：开塞露注入肛门以后，应用手将两侧臀部夹紧，让开塞露液体在肠子里保留至少 5 分钟，再让婴儿排便。

三、三浴锻炼对婴儿生长发育的影响

三浴锻炼是利用日光、空气、水这些自然条件，作用于婴儿的身体，增进婴儿健康的积极措施。高级育婴师应了解三浴锻炼对婴儿生长发育的影响，能够恰当利用大自然来对婴儿进行锻炼，增强婴儿体质。对于针对不同月龄的婴儿如何进行三浴锻炼，可参考后文列出的“三浴锻炼参照表”。

1. 空气浴促进婴儿大脑发育

空气浴是要把婴儿带到环境好、空气质量佳的环境中，让婴儿呼吸到新鲜空气，因为新鲜空气中含有大量的氧气，能满足婴儿大脑发育的需要。空气的质量对婴儿的成长发育十分重要，婴儿器官渗透和吸附能力较强，空气质量不好会给婴儿带来多种疾病，空气污染严重的地方会直接影响婴儿正常发育。因此，一定要保证婴儿生活在空气质量好的环境中，同时也要注意经常带婴儿在公园等空气质量好的环境中进行空气浴。一般 3 个月后，婴儿可同时进行空气浴和日光浴。

空气浴可使婴儿的皮肤、呼吸道黏膜受到冷空气的刺激，促进大脑皮层形成条件反射以改善体温调节能力，增强机体对寒冷刺激的适应能力及对疾病的抵抗能力。

进行空气浴需要注意：

（1）空气浴锻炼应从新生儿期开始，循序渐进。新生儿期要保持室内空气流通，但不要让对流风吹到婴儿。

（2）温暖季节时半个月大的婴儿、寒冷季节时满月大的婴儿可在打开的窗前活动，2～3 个月大的婴儿可开始去户外活动，可与日光浴结合进行，也可配合做一些适合婴儿的活动，增加其户外活动的乐趣。

2. 日光浴帮助婴儿吸收钙

婴儿 1 岁以前，是快速生长发育的时期，此时如果钙补充不足，婴儿就会出现佝偻病等一系列问题，为婴儿进行日光浴是帮助钙吸收的最好途径。另外，日光中的紫外线还会起到杀菌消毒的作用，从而提高婴儿皮肤的防御能力。

在日光中的红外线照射下，皮肤血管先收缩后扩张，可促进人体血液循环，增强新陈代谢。太阳中的紫外线照射皮肤，可调节人体内钙、磷的代谢。

婴儿日光浴时要特别注意时间的选择，一定要避开太阳光直射的时间段。一般夏、秋季在上午 9 点以前，下午 4 点以后为宜；冬、春季在上午 10 点以后，下午 3 点以前为宜。开始每次 10～20 分钟，逐渐增加时间，一天以 2 个小时为宜。

另外，夏、秋季不应直晒，要在通风阴凉的树荫下进行，因为树荫下折射及散射时的紫外线为直射时的 40%，能满足婴儿的需要。春季选择在向阳背风处进行，并尽量多暴露婴儿皮肤，但也要防止受凉。不要隔玻璃或穿厚衣服晒太阳，因为玻璃和衣服会遮挡大部分紫外线。

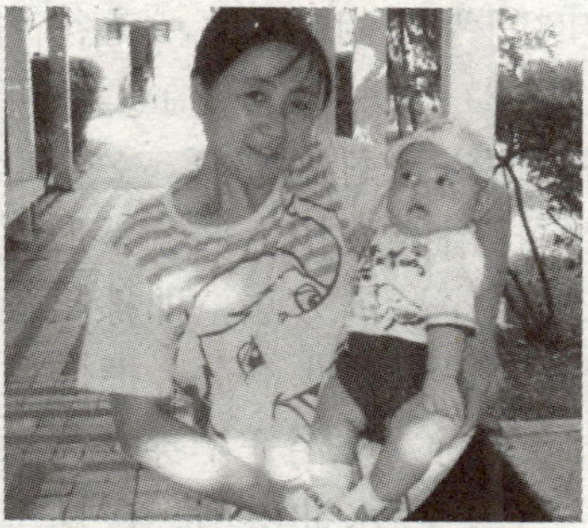

小提示

日光浴后可给婴儿喂一些白开水。

晒太阳时可用遮阳帽防止阳光直射婴儿的双眼。

婴儿生病时或遇刮风、下雾等恶劣天气时暂停日光浴。

3. 水浴提高婴儿神经系统兴奋性

水浴是通过水温和水的机械作用对身体进行刺激，尤其是婴儿皮肤细嫩，对外界温度特别敏感。在环境条件允许的情况下，可给婴儿进行水浴，这样不仅可以预防反复呼吸道感染，还可以增强皮肤对寒冷环境的适应能力。

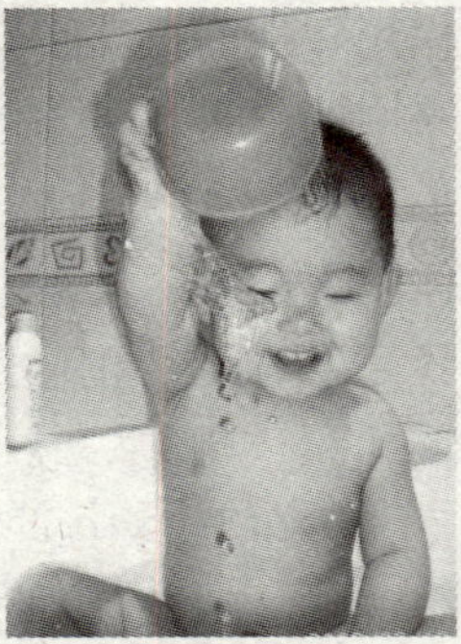

（1）温水浸浴。室温应在 24℃，水温为 35～38℃。每次浸泡时间为 3～10 分钟，浸浴后擦干穿好衣服。

（2）冷水擦浴。在夏季可对 1.5 岁以上的婴儿进行冷水擦浴。擦浴时室温为 18～20℃，水温为 35℃左右，后逐渐下降。冷水擦浴时应按上肢、下肢、胸腹部、背部顺序依次进行，并采取循序渐进方法，即擦拭面积的大小逐日递增，先局部，后全身，以免婴儿不适。擦四肢时应向心性进行。每次擦浴时间 5～6 分钟。擦浴完毕穿衣休息。

（3）冷水冲淋浴。在夏季适于对 2.5 岁以上儿童进行。冲淋一般在饭前或午睡后进行，室温应在 20℃以上，水温为 35℃左右，后逐渐下降至 26～28℃。冲淋时先冲背部，后冲两侧、胸腹部，不能冲淋婴儿头部。每次时间为20～40 秒。

（4）游泳。游泳是水浴中对婴儿很好的一种方式。游泳时室温应在 24℃以上，水温不低于 22℃。游泳时间从 2～5 分钟逐渐延长至 10～15 分钟。

小提示

游泳不得在空腹或刚进餐后进行。

三浴锻炼参照表

	月龄	适宜地点和方式	时间	注意事项
空气浴	0~1个月	可开窗通风，要保持室内空气流通。温暖季节时半个月大的婴儿，寒冷季节时满月大的婴儿可在打开的窗前活动	循序渐进	不要让对流风吹到婴儿
	2~3个月	可在打开的窗前活动，温暖季节可开始户外活动	循序渐进	温度适宜，尤其是寒冷季节要注意不要让风直接吹婴儿
	3个月至1岁	可去户外活动（公园等空气质量好的地方）	从10分钟开始，逐渐延长	选择阳光明媚、温度适宜的天气
	1~3岁	户外活动结合日光浴（公园等空气质量好的地方）	1~2小时	选择阳光明媚、温度适宜的天气
日光浴	0~1个月	室内阳台上晒太阳	上午9~11点 下午4~5点	注意不要隔着玻璃晒太阳
	2个月至1岁	可到户外晒太阳（绿化好、空气清新的公园）	夏、秋季在上午9点以前，下午4点以后为宜 冬、春季在上午10点以后，下午3点以前为宜 开始每次10~20分钟，后逐渐增加时间	适时为婴儿增减衣物；夏季不能直晒，要在树荫下进行；春季选择在向阳背风处进行并尽量多暴露婴儿皮肤，但也要防止受凉；及时给婴儿补充水分；可用遮阳帽防止阳光直射婴儿的双眼；婴儿生病时或遇刮风、下雾等恶劣天气，暂停日光浴

续表

	月龄	适宜地点和方式	时间	注意事项
日光浴	1～3岁	户外活动结合空气浴（绿化好、空气清新的公园）	上午9—11点，下午4—5点，一天保证进行2个小时的日光浴	2岁以上可以结合玩水玩沙进行日光浴
水浴	0～1个月	适合进行温水浴	室温24℃以上，水温35～38℃	在水中的时间为3～5分钟
	2个月至1.5岁	适合进行温水浴	室温24℃以上，水温35～38℃	在水中的时间为3～10分钟。夏季进行水浴，一天只限一次
	1.5～3岁	温水浴同时可适当进行冷水擦浴	擦浴时室温为18～20℃，水温为35℃左右，后逐渐下降，每次擦浴时间5～6分钟	擦拭面积的大小应逐日递增，先局部，后全身，以免婴儿不适。擦四肢时，应向心性进行
	2～3岁	夏季可进行冷水冲淋浴	室温应在20℃以上，水温为35℃左右，后逐渐下降至26～28℃	冲淋时先冲背部，后冲两侧、胸腹部，不能冲淋婴儿头部。冲淋一般在饭前或午睡后进行。每次时间为20～40秒
	0～3岁	游泳适合任何年龄段的婴儿	室温应在24℃以上，水温不低于22℃ 时间从2～5分钟逐渐延长至10～15分钟	不得在空腹或刚进餐后进行

除三浴外，玩沙也是利用大自然对婴儿进行训练的好方法。婴儿用小铁锹铲细沙，让沙子慢慢流到小桶中；光着脚踩在细细的沙子上，留下一串串的小脚印；用手抓起细沙，让细沙从指缝中慢慢流下；想象着在沙堆上造鸟窝、挖洞、建水库、筑堤坝，婴儿成了一个“小建筑师”。沙子的千变万化会让婴儿乐在其中，而且可以大大地发展其想象力和创造力，锻炼手的精细动作能力。

第四节 卫生（居室、个人、四具）

高级育婴师除掌握对育婴员和育婴师要求的保持居室卫生、保持婴儿清洁和清洁四具的相应技能，并能够指导育婴员、育婴师正确操作外，还应能够营造出有利于婴儿健康的生活环境。

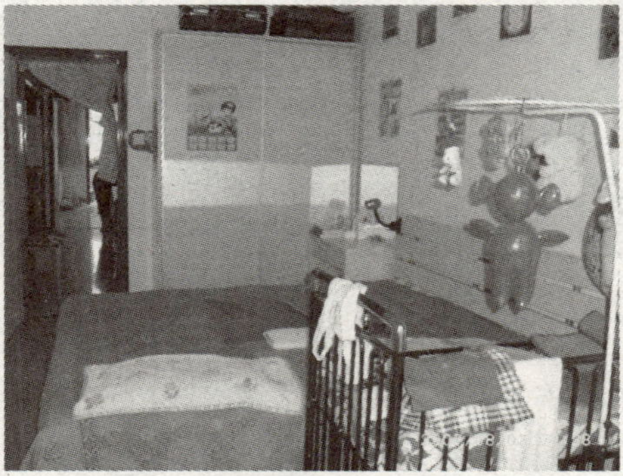

1. 应提醒雇主，婴儿的居室宜选择阳光充足且安静、通风的房间。注意室内要保持空气清新（每天开窗通风至少 30 分钟；室内栽种绿色植物，定期扫除）。

2. 婴儿居住房间的室温，冬天为 18～20℃，夏天为 25℃左右，相对湿度 50%～60%。室内应挂些色彩鲜艳的玩具和图片。

3. 不要让婴儿住在刚粉刷或油漆过的房间，以免中毒。

4. 最好不使用地毯，因为地毯不易清洗，容易藏污垢，是致病源和过敏源，另外，也不利于婴儿练习行走。

5. 居室内应禁止吸烟，以免影响婴儿的呼吸道。

6. 应建议雇主选择适合婴儿大小的木板床供婴儿休息，以利于婴儿在床上练习抬头、翻身、爬行、站立和行走。

7. 给婴儿选择的衣物应合身、舒适、凉爽或保暖，最好选择纯棉制品，以利于婴儿活动和汗液的蒸发。

8. 注意保持婴儿皮肤的干燥和清洁，勤换衣服，勤洗澡。

9. 婴儿的头发不宜过长，指甲也要定期修剪。

10. 定期对婴儿使用的卧具、餐具、玩具、家具进行消毒。

小提示

育婴人员必须在平时的工作和生活中以身作则，养成良好的卫生习惯，严格按家庭卫生程序做好每天的工作，为婴儿树立一个很好的榜样，也便于培养婴儿从小养成规范的、有条理性的卫生习惯。例如，勤洗手、勤剪指甲、不随地吐痰、把用完的东西主动放回原处排列整齐等。

02 第二章

日常生活保健与护理

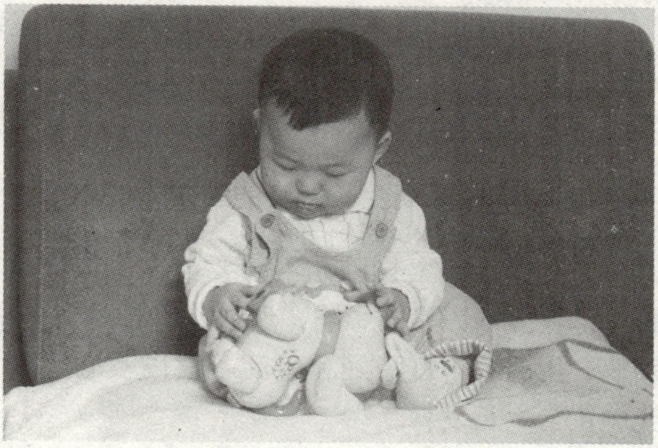

第一节　婴儿生长发育评价

一、胎儿期的生长发育

1. 胎儿期生长发育的特点

胎儿期的胎儿生长速度快，发育、分化、成熟过程易受损伤，营养物需求量大。胎儿期生长发育是婴儿生长发育的第一个重要阶段：由于宫内空间有限，胎儿的生长和体重增加有一定限制。

2. 影响胎儿期生长发育的因素

（1）母亲因素。胎儿不仅要依靠母体而生存，而且受到来自母体各方面因素的影响，例如，母亲的遗传因素、营养状况、疾病、用药、不良嗜好和生活习惯以及心理因素等都会影响胎儿的正常生长发育。

（2）胎儿因素。包括胎儿基因或染色体异常、多胎妊娠、胎儿代谢紊乱、各种因子缺乏等。

（3）其他因素。胎盘（如小胎盘、胎盘的各种病变等）和脐带因素（如脐带过长、过细或扭转等）也会影响母亲和胎儿间的物质交换，从而影响胎儿的生长发育。

3. 如何促进胎儿期的生长发育

根据胎儿期生长发育特点，孕妇必须做好孕期保健，预防遗传性疾病和先天畸形；均衡饮食保证充足营养；预防感染疾病，积极治疗孕期合并疾病；改变不良生活习惯，戒烟戒酒；

注意劳逸结合，减少精神负担和心理压力；给予孕妇良好的生活环境，避免环境污染和接触有害物质。这样对促进胎儿生长发育有重要意义。

二、婴儿期的生长发育

1. 婴儿期生长发育的特点

（1）机体的生长发育是连续不断、有阶段性的过程，不同年龄段的婴儿生长发育速度不同。年龄越小体格生长越快，生后头半年尤其前 3 个月生长最快，后半年生长速度较慢，以后逐渐减慢，到青春期生长变快。

（2）身体各系统、器官的生长发育不平衡。如神经系统发育较早，大脑在生后 2 年内发育较快；生殖系统发育较慢；其他系统，如心、肝、肾、肌肉等的发育基本与体格生长相平行。

（3）生长发育有个体差异，在一定范围内受遗传和环境因素影响。

（4）生长发育遵循的一般规律是：由上到下（如先抬头、后挺胸、再会坐、最后会站等），由近到远（如从躯干到四肢），由粗到细（如手抓东西到手指拿、捏东西），由低级到高级（如智能发育先感性后理性），由简单到复杂（如先画直线后画圈、绘画）。

2. 影响婴儿期生长发育的因素

（1）生长发育是遗传和环境因素共同作用的结果。遗传因素决定生长发育的潜力，这一潜力从受精卵开始便受到环境因素的作用与调节，表现出个人的生长发育模式。影响婴儿期生长发育的环境因素有均衡膳食、自然食物、充分睡眠、适度运动、良好的自然生存环境与和谐的社会家庭氛围。

（2）根据婴儿各个阶段生长发育的状况，需要注意供给婴儿均衡的营养，营养是生长发育最重要的物质基础。

（3）体育锻炼是促进身体发育，增强体质的最重要因素之一。

（4）身体和心理疾病同样会影响生长发育，早期发现、及时治疗身心疾病，对保护婴儿健康成长非常重要。

（5）合理安排生活作息制度，做到有规律、有节奏，保证足够的户外活动，定时进餐，充足睡眠，对生长发育有良好的促进作用。

（6）地理气候因素、严重的环境污染在婴儿生长发育中也有重要的影响作用。

（7）人的生长发育离不开社会和家庭，社会和家庭对婴儿生长发育的影响具有多层次、多方面的综合作用，不仅影响婴儿的体格发育，同时也影响其心理、智力和行为发展。

为婴儿提供良好的自然环境，社会、家庭环境，帮助他们改善其中的一些不良影响，对婴儿充分发挥自身的生长潜力，促进生长发育，有重要的现实意义。

三、婴儿膳食营养评价及干预

婴儿的膳食营养是婴儿生长发育的主要因素，可根据婴儿的生长发育状态评价婴儿膳食营养是否达到婴儿正常生长发育的需求。

在有条件的情况下，可定时带婴儿到医院检查营养状态，查清各种常量元素和微量元素是否在标准范围内。根据医院检查结果给婴儿制定合理的食谱（参照本书附录三），及时地调整婴儿的膳食结构，保证食物品种丰富、营养均衡。

如没有条件让婴儿在医院检查营养状态，可参照《育婴师》一书中附表“0～3 岁育婴实施细则”，对照婴儿各个年龄段生理、心理发育的主要标志检查婴儿生长发育状况。一般情况下，如果能在规定时间内达到发育指标，则证明婴儿膳食营养达到了生长发育的需要。

从婴儿 4 个月开始添加泥糊状食品后，就要高度重视食物的营养结构，虽然婴儿最初食量极小，但也不可忽略品种的多样化。只要参照本书附录三，每周认真制定婴儿食谱，婴儿的膳食营养基本上不会出现大问题。

第二节 预防接种

为提高婴儿免疫水平，保护婴儿免受疾病传染，必须按照严格的接种程序进行预防接种。计划免疫程序是通过大量科学实验制定的，有严格的操作程序，不能随意更改。为保证安全、减少不良反应，高级育婴师应掌握一定的免疫学知识，能够对婴儿各种接种反应进行恰当处理，并指导育婴员和育婴师正确完成相关操作。

一、人工自动免疫及常用制剂

人工自动免疫是指采用人工免疫的方法为机体接种某种抗原，使机体在抗原的影响下自动产生相应的抗体，并具有抵抗某种传染病的能力。

人工自动免疫制剂有：

1. 菌苗

菌苗是用细菌菌体制造而成，预防某一特定传染病或增强机体免疫力的制剂，一般分死菌苗和活菌苗两种。如百日咳为死菌苗，卡介苗为活菌苗。

2. 疫苗

疫苗由病毒或立克次体或螺旋体接种于动物、鸡胚或组织培养经处理制造而成，分灭活疫苗和减毒活疫苗两种。如乙型脑炎疫苗为灭活疫苗。

3. 类毒素

类毒素是由细菌所产生的外毒素加入福尔马林变成的无毒性而仍有免疫原性的制剂，如白喉、破伤风等。

二、疫苗接种后的反应及一般处理方法

大多数疫苗接种后不会引起严重反应，但由于每个婴儿的体质不同，少数人接种后会出现一些轻重不同的反应。

1. 局部反应

婴儿在接种疫苗后 24 小时左右，身体局部发生红肿、热、痛等现象，一般无需处理。如反应强烈，红肿直径达 5 厘米以上，引起局部淋巴结肿痛，应进行热敷。

2. 全身反应

全身反应表现为发热、头痛等，一般表现轻微，为暂时性的。对此，应密切观察，对症处理。如发热、头痛较重，应注意同其他疾病相鉴别。

3. 异常反应

异常反应极少见，主要表现为晕厥。一旦发生，应让婴儿平卧，保持安静，可以喂食热开水或热糖水，一般短时间内即

可恢复。数分钟后不恢复者应迅速入院治疗。

三、预防接种注意事项

1. 婴儿发热时不要打百白破混合制剂。

2. 空腹饥饿时不宜打预防针，以免发生低血糖等严重反应。

3. 打针前要做好婴儿的思想工作，消除婴儿的紧张心理。打针后 2～3 天应避免剧烈运动。

4. 注意婴儿注射部位的清洁卫生，暂时不要洗澡，以防局部感染。

第三节　常见疾病护理

高级育婴师应了解婴儿常见疾病的发生原因，随时观察婴儿表现，对婴儿常见疾病进行正确的预防和家庭护理，并指导育婴员和育婴师完成相应操作。

一、婴儿单纯性肥胖症

由于能量摄入长期超过人体的消耗，使体内脂肪过度积聚，体重超过了标准体重的 20％即为肥胖。近年来，我国婴儿单纯性肥胖症的发病率呈明显上升趋势。

婴儿时期肥胖的人中，有 40％会发展为成人肥胖症病人，而后者与心血管疾病、Ⅱ型糖尿病、高脂血症、肝脏疾病、胆石症等众多严重危害人类健康的疾病有关。肥胖婴儿因行动迟缓，与外界交往少，久而久之会出现孤独、自闭等心理疾病，重度肥胖婴儿智商低。

人体脂肪组织的增加包括脂肪细胞数目增加和脂肪细胞体积增大。人体脂肪细胞数目在出生前 3 个月、出生后第 1 年和青春期三个阶段增多最为显著。若在这三个时期内摄入营养素过多，即可引起脂肪细胞数目增多且体积增大，此时引起的肥胖为多细胞性肥胖，增加的脂肪细胞数不会消失，即使治疗也仅能使脂肪细胞体积减小，因此，治疗较困难且易复发。脂肪细胞体积增大引起的肥胖，治疗则较易奏效。

1. 肥胖的常见原因

(1) 能量摄入过多：喜食高脂肪膳食、含糖饮料或快餐等高热量食物。

(2) 活动量过少：长期缺乏适当的活动和体育锻炼，如长时间看电视和玩电子游戏等。

(3) 遗传和环境因素：肥胖有高度的遗传性。另外，父母不良的饮食和生活习惯也直接导致了婴儿不良饮食习惯和行为方式。

(4) 出生时体重大：高体重新生儿是婴儿肥胖的一个重要危险因素，尤其是糖尿病母亲所生的体重较大的婴儿。

2. 肥胖的防治

(1) 行为矫正：纠正婴儿不良饮食习惯，首先应从改变家庭不良饮食习惯和生活方式做起，养成戒绝晚餐过饱、吃消夜、偏食、吃零食、进食太快的习惯，少吃煎、炸、快餐等高热量食品。

小提示

对于肥胖婴儿，还应避免其看电视、玩电子游戏时间太长等。

（2）饮食治疗：即给婴儿使用低脂肪、低碳水化合物和高蛋白的膳食。能量分配为，蛋白质30%～35%、碳水化合物40%～45%、脂肪20%～25%，可供应优质蛋白质，多食新鲜蔬菜。每周最好能减轻体重0.5千克。

（3）运动疗法：鼓励婴儿多参加活动，但要避免剧烈运动后食欲激增。可选择既有效又易于坚持的运动，如晨间跑步、爬楼梯、跳绳等，活动量以运动后轻松愉快、不感到疲劳为原则。

（4）心理治疗：鼓励婴儿坚持控制饮食及加强运动锻炼，增强减肥的信心，鼓励婴儿多参加集体活动，改变其孤僻、自卑的心理，帮助婴儿建立健康的生活方式，增强自我管理的能力。

（5）孕妇在妊娠后期要适当减少摄入脂肪、碳水化合物，防止胎儿体重增长过快。

（6）坚持母乳喂养：母乳喂养儿发生肥胖的几率明显低于奶粉喂养儿。

（7）定期到儿童保健门诊接受系统的营养监测及指导。

二、佝偻病

佝偻病是由于婴儿体内维生素D不足引起钙、磷代谢紊乱，产生的以骨骼病变为特征的疾病，在我国婴儿是高发人群。佝偻病严重影响婴儿的生长发育，必须引起重视。

孕期缺钙的妈妈所生的婴儿，早产儿和出生时体重较轻（低于3千克）的婴儿，哺乳期缺钙的妈妈所哺育的婴儿，生长速度太快的婴儿，吃奶少的婴儿，晒太阳少的婴儿，这六类婴儿很容易缺钙，是重点预防对象。

1. 主要表现

初期表现有易激惹、烦闹、多汗刺激头皮而摇头、夜惊、枕秃等。夜间睡熟时的多汗多是缺钙的表现。夜惊是指晚上睡觉时突然惊醒、哭闹，甚至尖叫；枕秃就是婴儿的后脑勺有一圈光秃秃的不毛之地。

早期缺钙未治疗多会出现典型的骨骼改变，表现有“方盒样”头型即方头（从上向下看）、鸡胸样畸形、肋骨和肋软骨交界处可摸到串珠样突起、“X”形腿、“O”形腿、手腕和足踝部可形成圆形环状隆起。这样较严重的骨骼改变现在较少见，需找医生，才能作出准确的判断。

2. 佝偻病的常规预防

（1）胎儿期的预防（孕妇维生素 D 的补充是重点）：

◆ 孕妇要多晒太阳和多参加户外活动。

◆ 孕妇饮食需要注意补充含钙量高的食品，如豆制品、虾皮、海带、牛奶和乳制品等。

◆ 孕妇在 5 个月以后，需要补充一些钙剂，每日约 500 毫克左右。

（2）婴儿期的预防（一岁以内这个时期是重点）：

◆ 婴儿要多晒太阳，多参加户外活动，晒太阳可以促进皮肤钙的生成，是最经济、最有效的补钙方法。

◆ 从满月开始，每天补充适量的维生素 D，建议每天的补充量为 400IU（国际单位），相当于贝特令或伊可新一粒。

◆ 提倡母乳喂养，乳母也要补充适量的钙剂和多晒太阳，多吃含钙高的食物。

3. 佝偻病的治疗措施

首先，要明白治疗佝偻病的关键是补充维生素 D，而不是补钙（当然了，补钙也是必需的、不可少的）。

其次，要明白佝偻病是分程度的，要按照不同的程度，采用不同的治疗方法。患轻度佝偻病的婴儿只需加强营养，适当补充钙剂，患中、重度佝偻病的婴儿需要考虑用大剂量的维生素D治疗。

三、手足口病

手足口病是由肠道病毒感染引起的急性传染病，可引起手、足、口腔等部位的疱疹，但它是一种病情较轻的自愈性疾病，整个病程大约为1周左右，绝大部分婴儿愈后较好，少数婴儿可引起心肌炎、脑膜炎等严重并发症，重症婴儿病情发展快时，多导致死亡。

> **小提示**
>
> 手足口病易在托幼机构或婴儿园流行。

1. 手足口病的传播途径

（1）空气飞沫传播：患病婴儿咽喉分泌物及唾液中的病毒，可通过空气飞沫传播。教育婴儿不要对着他人咳嗽或打喷嚏，咳嗽或打喷嚏时要掩盖住口鼻。

（2）接触传播：唾液、疱疹液、粪便污染的小手、玩具、食具、内衣、床上用品等，也会传播。

2. 手足口病的表现

（1）发热：大多数婴儿首先表现为突发高烧，体温多在38℃以上，伴有头痛、咳嗽、流涕等症状，体温持续不退。

（2）口腔炎：发热的同时或发热1～2天后，口腔黏膜、唇内见到疱疹，疱疹破溃后会形成溃疡，疼痛较重。婴儿表现出烦躁、哭闹、流口水、不吃饭等不适症状。

（3）皮疹：口腔起疱疹后1～2天可在婴儿的手心、足心及小屁股上看到皮肤斑丘疹，以脚心部最多。疱疹呈圆形或椭圆形，小至米粒、大至豌豆大，质较硬，内有混浊液体。

（4）淋巴结肿大：颌下或颈侧可触及1～2厘米大小的淋巴结，会有轻微疼痛。

3. 手足口病的预防和治疗措施

（1）手足口病流行期间不宜带婴儿到人群聚集、空气流通差的公共场所活动。注意保持家庭环境卫生，居室要经常通风，勤晒衣被。

（2）饭前便后、外出后要用肥皂或洗手液等给婴儿洗手，不要让婴儿喝生水、吃生冷食物，避免让婴儿接触患病婴儿。

（3）婴儿使用的奶瓶、奶嘴在使用前后应充分清洗，使用的日常用品、食具等应煮沸消毒。

（4）婴儿要多饮水，食清淡易消化有营养的食物，可服用板蓝根、利力宁、双黄连等抗病毒药物，不要滥用抗生素。

（5）婴儿出现相关症状要及时到医院就诊。

四、婴儿湿疹

婴儿湿疹是一种变态反应性皮肤病，多见于2～3个月大的婴儿，绝大部分在1岁左右断乳后逐渐自愈。患有湿疹的婴儿大多数是过敏体质，婴儿湿疹多是对食入物、吸入物或接触物不耐受或过敏所致，据皮疹特点主要可分两型，即渗出型湿疹和干燥型湿疹。

1. 婴儿湿疹的表现

（1）渗出型湿疹：常见于肥胖型婴儿，初起于两颊，发生红斑、丘疹、丘疱疹，常因剧痒搔抓而显露有多量渗液的鲜红糜烂面。

（2）干燥型湿疹：多见于瘦弱的婴儿，好发于头皮、眉间等部位，表现为潮红、脱屑、丘疹，但无明显渗出。呈慢性时也可轻度肥厚，有皲裂、抓痕或结血痂。常因阵发性剧烈瘙痒而引起婴儿哭闹和睡眠不安。

2. 婴儿湿疹的预防和护理

（1）寻找可疑的过敏源。

（2）湿疹勿用水洗，严禁用肥皂水或热水烫洗。

（3）婴儿的衣服宜选纯棉织物，要宽松、透气。

（4）在医师指导下使用治疗湿疹药膏。

五、腹泻病

腹泻病是由多病毒、多因素引起的以大便次数增多和大便性状改变为特点的消化道症状。6 个月至 3 岁的婴儿，营养不良、佝偻病、贫血和体弱多病的婴儿更容易患此病。秋季腹泻，是指发生在秋冬季（9 月份到次年的 1 月份）由病毒引起的婴儿最常见的腹泻，这里重点介绍。

1. 秋季腹泻的表现

腹泻初期常伴有发热或有感冒症状。婴儿常于呕吐后拉肚子，大便次数多、量多、水分多，呈黄色，像水样或蛋花汤样，大多没有特殊的腥臭味，每天可便十几次，腹泻重者可出现脱水症状。本病有自限性，数天后呕吐渐停，腹泻减轻。

2. 秋季腹泻的预防

（1）养成良好的卫生习惯，成人、婴儿在接触食物之前都要洗净双手；家长不要嚼饭给婴儿吃，这可能导致腹泻发生。注意奶具、餐具、玩具的消毒。

（2）合理喂养，提倡母乳喂养，添加辅食有讲究，秋季添加辅食时，一定要注意先从少量开始，以使婴儿的消化道有个适应的过程。过早给婴儿加固体食物，易导致腹泻。给婴儿制作辅食时应选用新鲜的食物，现吃现做，不要给婴儿吃剩饭，避免饮食过量或食有脂肪多的食物。

（3）保持空气新鲜，切莫因为天气转冷，怕婴儿受凉而紧闭门窗。保持室内良好的空气流通，能够减少病毒感染的机会。

（4）不要接触其他腹泻婴儿，少带婴儿到病儿集中的医务场所和公共场所，尽量不接触患有腹泻的婴儿，防止交叉感染。

（5）避免不良刺激，婴儿日常生活中应防止过度疲劳、惊吓或精神过度紧张。

（6）对体弱婴儿、营养不良、佝偻病及病后体弱婴儿应加强护理。

（7）增强体质，平时应加强户外活动，提高对自然环境的适应能力，注意婴儿体格锻炼，增强体质，提高机体抵抗力，避免感染各种疾病。

（8）乳母应注意乳房的清洁，勤换内衣，减少婴儿感染病毒的可能。

3. 秋季腹泻的护理

（1）给婴儿足够的食物以预防营养不良。腹泻轻者或重者均不需禁食，只要婴儿有食欲就可鼓励其进食。急性期可减少哺乳的次数，缩短每次哺乳时间。要给婴儿吃些营养丰富的流质或半流质饮食，容易消化吸收的清淡食物，如面条、米粥、菜汤等，避免油腻，多补充水分。待婴儿病情好转后逐步恢复饮食，进食须由少到多，由稀到稠地循序渐进。

（2）注意腹部保暖 。秋季气候渐凉，腹泻婴儿肠蠕动增快，腹部受凉时肠蠕动更快，会加重腹泻。可适当地用热水袋等对婴儿腹部进行热敷，也可帮婴儿揉肚子以缓解其疼痛。

(3) 养成好的卫生习惯。婴儿的饮食用具，如奶瓶、汤勺等，在每次用前和用完后都应该用开水洗烫，最好每天煮沸消毒一次。婴儿的玩具要及时洗涤并进行消毒处理，以免交叉感染。

(4) 保持肛门清洁 。腹泻婴儿每次大便后都要用温水擦洗臀部（女婴应自前向后冲洗），擦洗干净后用软布吸干。如大便次数增多，应勤换尿布。可于臀部涂以鞣酸软膏或复方硫酸铜锌软膏，防止产生红臀。

(5) 腹泻较重伴脱水的应到医院及时就诊。

六、肺炎

肺炎为婴儿时期的常见病，在我国致婴儿死亡病症中居第一位，严重威胁婴儿健康，因此肺炎的防治十分重要。婴儿肺炎一年四季均可发病，冬、春季较多。如治疗不彻底，易反复发作。

1. 婴儿肺炎的表现

发热、咳嗽、气促，伴有精神不振、食欲减退、轻度呕吐或腹泻。

2. 婴儿肺炎的预防

(1) 冬、春季节是呼吸道疾病的高发季节，尽量不要带婴儿去人多拥挤的公共场所。室内应常通风换气。

(2) 婴儿的穿着应适度，如果穿得太多、太厚，婴儿活动后会大量出汗，易受凉、感冒，从而导致肺炎。所以要注意气候变化，随时给婴儿增减衣服，防止伤风感冒。

(3) 要让婴儿坚持锻炼身体，提高御寒、耐热能力，增强体质和抗病能力。不断地增强婴儿的抗病能力是预防该病的关键。

(4) 营养不良和佝偻病可使婴儿抵抗力下降，更易发生肺炎，且病情较重，易引起并发症。所以应注意婴儿的营养，并让其多做户外活动，多晒太阳不但不易得佝偻病，对预防肺炎也有一定帮助。

(5) 患感冒的婴儿应及时治疗，以免炎症向下蔓延引起肺炎，婴儿在 2～3 岁以前尽量避免患感冒等呼吸道传染病，患这些疾病可使呼吸道抵抗力降低，很容易合并为重症肺炎。

(6) 注意不要让婴儿把奶汁等液体吸入呼吸道，如果婴儿呕吐，应立即把婴儿头部偏向一侧，以免呕吐物逆流入呼吸道引起吸入性肺炎。

3. 婴儿肺炎的家庭护理

如果婴儿患上肺炎，除了药物治疗外，家庭护理对肺炎的愈后也起着至关重要的作用。应做好以下护理工作：

(1) 要保证婴儿在阳光充足、空气新鲜、整洁的环境中。冬、春季节每天开窗通风换气 2～3 次，每次 20～30 分钟，保持空气流通，要防止穿堂风直吹婴儿身上，家内最好安置一支温度计，保持室内温度为 18～20℃，湿度为 55％～65％。

(2) 保证婴儿休息。如果在婴儿的身边总是围着许多的长辈亲朋，人多吵闹，会不利于婴儿休息。

(3) 发热的处理。一般的发热不要积极去退热，持续高热时，要少盖被，衣扣、系带松开。可将冷水袋或冰袋垫于婴儿头下，或用冷毛巾湿敷。

(4) 注意保暖。冬、春季气温较低，特别要注意保暖，但要适度，发热时要松解衣被，以免散热困难，汗液吸收、皮肤热量蒸发会引起受凉，重复受凉会使肺炎加重，此点要特别留意。

(5) 保持呼吸道通畅。婴儿患肺炎时，如果鼻腔阻塞或气管、支气管内有大量痰液，会影响空气的吸入，加重缺氧。因此，要及时为婴儿清除鼻腔分泌物并吸痰以保持呼吸道通畅。室内保持一定的湿度，避免空气干燥，有利于痰液咳出。在病情允许的情况下，应经常将婴儿抱起，轻轻拍打背部，卧床不起的婴儿应勤翻身，这样使痰液容易咳出，有助于康复。

(6) 注意保持眼部清洁，及时治疗眼部病患。婴儿患肺炎时，眼睛会充血水肿，分泌物增多，应每天洗脸擦净“眼屎”。每天应滴 2～3 次眼药水，可用新霉素眼药水、红霉素眼膏。

(7) 应注意膳食营养合理及补充足够的水分。肺炎婴儿常发热、胃口较差、不愿进食，所以饮食宜清淡、易消化，需要高热量、高维生素的食品。婴儿在发热过程中，应给予流质食物，如人乳、米汤、蛋花汤、菜汤、果汁等；退热后可加半流质食物，如烂面、麦片汤、鱼末、肉末、碎菜煲粥等。因为婴儿患肺炎期间水分蒸发比平时多，故必须补充适量的糖盐水。超过一整天未进任何食物的肺炎患儿，应送医院输液治疗。

(8) 按时服药、打针，以免影响疗效。婴儿抗病能力较差，尤其是病情容易反复。如家长发现婴儿呼吸快、呼吸困难、口唇四周发青，说明婴儿缺氧，必须及早送医院抢救。

七、呕吐

呕吐是婴儿常见症状之一。多由于喂食不当、喂食过量或消化系统疾病引起。对此，一般的家庭护理方法为：

1. 喂奶后多给婴儿拍嗝，每次喂的量少一点。另外，在婴儿进食后半小时内，不要让他剧烈活动，使他保持身体竖直，以帮助消化。

2. 呕吐剧烈时应该抱起婴儿，或让婴儿坐起身来，这样会使婴儿感到舒服一些，也要防止呕吐出来的食物呛入气管，堵塞呼吸道。

3. 睡觉也有助于缓解婴儿的呕吐症状，将婴儿放在床上并安静躺卧，可以减轻婴儿想呕吐的感觉。

4. 婴儿呕吐时不要急于进食，这样会加重呕吐。可采取少量多次的方法每隔 10～15 分钟用小勺或小杯子给婴儿喝一些淡盐水或糖水。注意观察是否有脱水现象。

5. 婴儿呕吐时，在床边放一个盆盂，以便再发生呕吐时使用。可用温水给婴儿漱口，除去口腔中的异味。婴儿呕吐时常常将衣物和被单弄脏，留有异味的衣物和被单，更容易诱发婴儿呕吐，因此要注意更换并保持清洁。

第四节　预防铅中毒

铅是一种严重危害人类健康的重金属元素，可影响神经、血液、消化、骨骼等多个系统，更为严重的是它能影响婴儿的生长和智力发育，损伤认知功能、神经行为和学习记忆等脑功能，严重者会造成痴呆。环境中的铅主要经食物和呼吸途径进入人体。

高级育婴师应了解铅中毒的治疗方案，并能够指导育婴员、育婴师正确预防铅中毒。

一、预防铅中毒的方法

1. 培养婴儿养成勤洗手的良好习惯，特别注意在进食前一定要洗手。常给婴儿剪指甲，因为指甲缝是特别容易藏匿铅尘的部位。

2. 经常清洗婴儿的玩具和其他一些有可能被婴儿放到口中

的物品。

3. 位于交通繁忙的马路附近或铅作业工业区附近的家庭，应经常用湿拖布拖地板，用湿布抹去家具和窗台上的灰尘。

4. 不要带婴儿到汽车流量大的马路和铅作业工厂附近玩耍。

5. 以煤为燃料的家庭应尽量多开窗通风。

6. 婴儿应少食某些含铅较高的食物，如松花蛋、爆米花等。

7. 每日早上用自来水时，应将水龙头打开 3～5 分钟，将前一晚囤积于管道中、可能遭到铅污染的水放掉。

8. 婴儿应定时进食，空腹时铅在肠道的吸收率可成倍增加。

9. 保证婴儿日常膳食中含有足够量的钙、铁、锌等。

二、铅中毒的治疗方案及原则

根据“零血铅”战略，血铅不为零者原则上均应进行清除血铅的干预，具体操作方法如下。

1. 血铅在 100～250 微克/升，而无贫血、生长发育迟缓、多动、注意力不集中等症状，以健康教育、环境干预和特殊饮食调理为主。

小提示

食疗排铅方法：

◇ 补钙：多食富含钙的食物如牛奶、豆制品等。钙与铅在体内有与蛋白质结合竞争的机制，适量补钙可减少铅吸收。

◇ 补微量元素：铁、锌、镁等均可与铅相互作用，减弱铅的毒性。

◇ 补优质蛋白质：丰富的蛋白质可降低体内的铅浓度，减轻中毒症状。

◇ 补维生素 C：维生素 C 与铅结合成难溶于水而无毒的盐类，可随粪便排出。

◇ 补多糖类大分子食物：果胶、海藻酸和膳食纤维等多糖类大分子物质可与铅结合，形成难以吸收的凝胶，可有效地阻止铅在胃肠道吸收，起到促进排铅的作用，常见食品有海带。

2. 血铅在 250～500 微克/升，需在医生指导下服用驱铅药物。要注意驱铅药有较大的副作用，不可过多服用。

3. 血铅大于 500 微克/升，应于 48 小时内复查血铅，如获证实，应立即予以驱铅治疗。同时，进行染铅原因的追查与干预，尽快脱离一切铅污染源。

第五节　常见意外伤害处理

高级育婴师除能识别危险因素、预防意外伤害外，还应掌握对婴儿意外伤害进行现场救助的方法。

小提示

育婴人员要熟记急救中心的电话号码“120”或“999”，如果发生意外伤害事故，以保证能够在进行现场救助的同时，迅速与相关部门取得联系。

一、气管异物堵塞的现场救助

婴儿在玩耍时或吃东西时，突然发生剧烈咳嗽不止，并且呼吸困难，那就可能是有异物堵住了气管，应马上采取急救措施。

1. 倒立拍背法

可立即倒提婴儿两腿，使其头向下垂，轻拍其背部，迫使异物向外咳出。

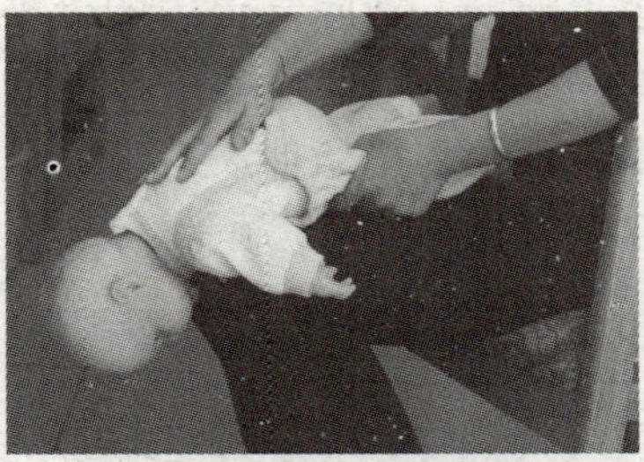

2. 推压腹部法

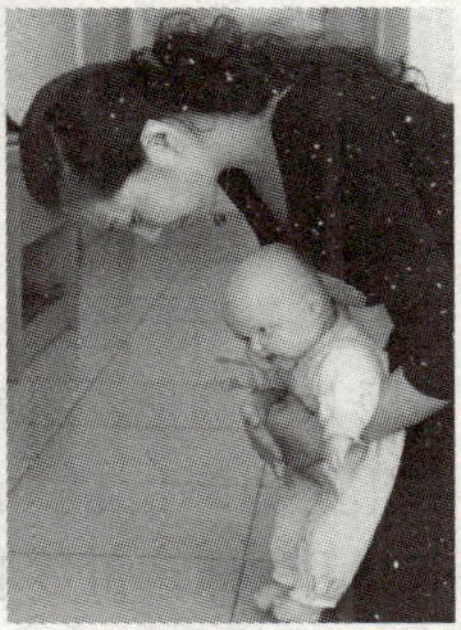

让婴儿坐着或站着，成人蹲或跪在其身后，用两手臂抱住婴儿，手握成拳形，大拇指向内放在婴儿肚脐与剑突之间，用另一只手手掌压住拳头，有节奏地向上向内推压，使异物从气管内向外冲出。

如上述方法无效或情况紧急，应及时带婴儿到医院诊治。

二、小儿心肺复苏的现场救助

由各种原因，如窒息、触电、溺水、事故等造成呼吸心跳

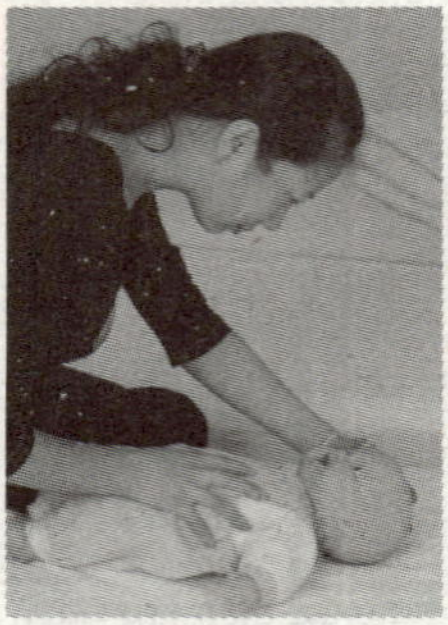

停止，应立即进行心肺复苏。高级育婴师应能够对呼吸心跳停止做出正确的判断，并以实操形式进行心肺复苏急救。

1. 呼吸心跳停止的判断

突然昏迷，呼吸停止，面色灰暗或紫绀，瞳孔散大，大动脉搏动消失，心音消失。

2. 心肺复苏现场急救操作

（1）保持呼吸道通畅：清除气道内的分泌物或呕吐物。将婴儿头向后仰，抬高下颌，一只手置于婴儿的前额，将头向背部倾斜并处于正中位，颈部稍微伸展，用另一只手的几个手指在下颌骨的颏下，向外上方提起下颌骨。

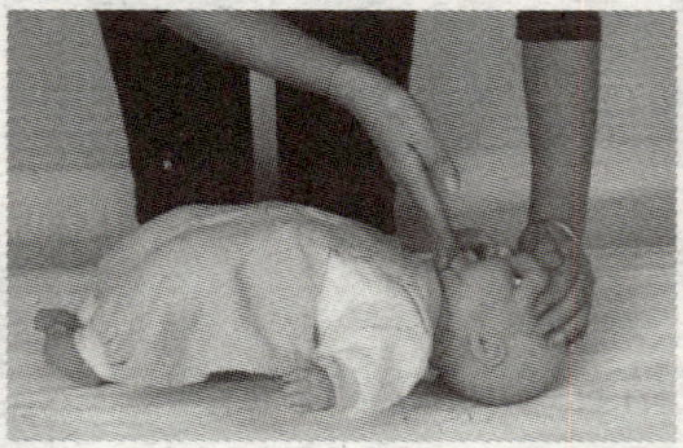

（2）口对口人工呼吸：操作者先深吸一口气，拇指和食指紧捏住婴儿的鼻子，用嘴覆盖婴儿的嘴，口对口将气吹入，同时可见婴儿的胸廓抬起。停止吹气后，放开鼻孔，使婴儿自然呼气，排出肺内气体，重复上述操作，人工呼吸频率为 18～20 次/分。

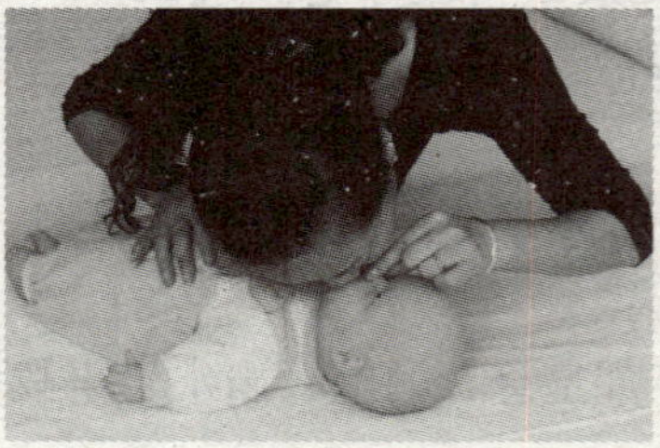

（3）胸外心脏按压：在气道通畅和建立了有效通气后应检查脉搏，如无脉搏，应给以胸外心脏按压。

0～1 岁的婴儿用环抱式心脏按压法，即两手掌及手指托住两侧背部，双手大拇指置于乳头线下一指处进行按压，按压深度为胸部厚度 1/3～1/2，心脏按压频率为 100 次/分。

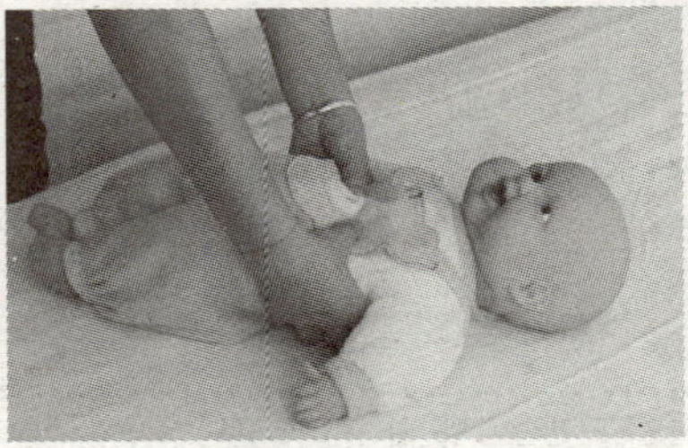

1～8 岁的儿童，可以一只手固定患儿其头部，以便通气；另一手的手掌根部置于胸骨下半段按压。

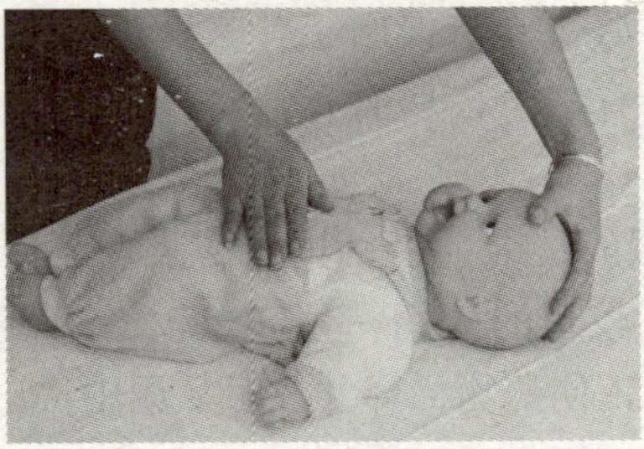

三、误服药物的现场救助

1 岁以上的婴儿一般都能行走自如，对周边环境充满了强烈的好奇心，喜欢探索周围的世界，特别是用嘴巴去“尝试”各种东西，大人不注意，误食药物的意外就会发生。

婴儿多喜欢吃糖果，又缺乏鉴别能力，有时把带有糖衣的药物当成糖果吃，有时把颜色鲜艳、气味芳香的水剂药物、化学制剂当成饮料喝，从而引起中毒。

婴儿好奇心强，模仿大人服药也能导致中毒。

婴儿一旦误服药物，由于成倍或十几倍超出剂量，有的药物对婴儿敏感性高，婴儿解毒和排泄能力差，如不及时发现和处理，常常发生严重后果。

小提示

如婴儿误服药物，育婴人员应注意，不要惊慌失措，不要责骂婴儿，更不要打骂婴儿，否则婴儿只会哭闹，不但说不清真实情况，还会拖延时间，加快药物吸收，增加救治的难度。

育婴人员应善于观察婴儿的表现，及时发现婴儿吃错药的早期反常行为，如无精打采、昏昏欲睡或极度兴奋等。然后，检查药物是否被婴儿动过，观察周围环境，有无药瓶、药袋、剩余的药片，要尽快弄清误服了什么药物、服药时间大约有多久和误服的剂量有多少，从而有针对性地对其采取紧急处理方法。

◆ 如果误服的是维生素、止咳糖浆、健胃药、消炎药等副作用（或毒性）较小的药物，且剂量较小，通常问题不大，可让婴儿多饮温水，使药物稀释并及时从尿中排出。

◆ 如果婴儿误服安眠药或含有镇静剂的降压药，会表现出无精打采、昏昏欲睡，可迅速用手指刺激婴儿的舌根部催吐，喝大量温水反复催吐，然后喝几杯牛奶和3～5颗生鸡蛋清，以养胃解毒。

◆ 如果误服碘酒或来苏水等具有刺激和腐蚀作用的药物，立即给婴儿喝面糊、米汤等淀粉类流质，待淀粉与药物作用后减小了药物毒性，催吐出来即可。

◆ 如果误服的是腐蚀性较强的药物，不要催吐，这些药物会与水发生剧烈的化学反应，产生大量气体或热量，会造成消化道溃疡、穿孔等并发症。可让婴儿口服牛乳、豆浆或蛋清等，暂时保护胃黏膜，并尽快送医院抢救。

◆ 如果误服副作用大的药物（如避孕药、癌症病人常用的化疗药物），应及时送往医院治疗，切忌延误抢救时间。

小提示

◇ 一般来说，误服药物的现场急救方法中，催吐是第一招，以便快速将进入胃内、尚未吸收的药物排出体外，减轻中毒。

催吐时可将婴儿腹部顶在救护者的膝盖上，让头部放低，将手指伸入婴儿喉咙，轻压舌根部，刺激呕吐。

如果让婴儿躺着呕吐，则要让婴儿侧睡，吐后残留在口中的呕吐物要及时清除，以防止呕吐物堵塞喉咙或误入气管。

◇ 婴儿昏迷或抽搐时，不宜催吐，呕吐物会堵塞气道导致窒息。

◇ 误服不太清楚的药物，不要勉强催吐。

◇ 送婴儿去医院急救时，一定要将误服的药物或药物包装带上，以便让医生了解情况，从而及时采取解毒措施。

四、被宠物抓伤、咬伤的现场救助

婴儿被宠物抓伤、咬伤以后，应该及时为其清洗伤口。

首先，立即用大量流动的自来水掰开伤口冲洗。因为伤口多半闭合着，所以必须掰开伤口冲洗，把血挤出去，还要用大量的肥皂水反复冲洗伤口，如果伤口较深，要想办法深入内部进行灌洗（可用注射器注水冲洗），尽量减少病毒的侵入。伤口的处理越早，效果越好。

不要包扎伤口，尽量让伤口暴露。

对伤口初步处理之后，需要立即带婴儿去卫生防疫部门（疾病控制中心）注射狂犬疫苗。婴儿被宠物抓伤、咬伤之后，不能因为只是一个小伤口而轻视及时处理的大好时机。狂犬病有一定的潜伏期，可能不会立即发病，所以要给予足够的重视。

五、扭伤的现场救助

1岁以上婴儿在玩耍时会经常发生一些小关节的扭伤，我们常说的“戳手”和“崴脚”就是指腕关节和踝关节的扭伤。小关节的扭伤，大多症状较轻，不必去医院治疗。关节扭伤的家庭处理方法正确，对扭伤关节的恢复是有利的。

1. 扭伤的表现

（1）扭伤肌肉会产生疼痛并无法运动到位。受伤局部多有固定压痛，疼痛与压痛的程度随着扭伤部位的活动而增强。

（2）扭伤处皮肤局部有淤斑，几天后伤处会出现青紫。

（3）扭伤的关节肿胀，活动受限制。

2. 扭伤的处理

（1）首先分清扭伤的轻重。例如，脚扭伤后能站立，勉强走路，说明扭伤为轻度，可家庭处置；如果脚扭伤后活动时有剧痛，不能挪步或站立，肿胀严重，说明扭伤可能伤到骨头，应立即去医院诊治。

（2）冷敷和热敷。扭伤初期，应先冷敷，使破裂的小血管收缩凝血，这样可以减少内出血，减轻肿胀，还可止痛。扭伤1～2天后可以热敷，促使扭伤周围的淤血消散。

（3）扭伤处的局部按摩。对扭伤处进行按摩可以促进血液循环，肿胀消退，也可止痛。扭伤初期，可在血肿处做持续的按压；1～2天后可用手指，以红肿处为中心，轻轻地向周围各个方向揉擦。

(4) 适当的活动。扭伤初期，肿胀和疼痛逐渐加重，这时应停止活动，抬高扭伤部位，卧床休息。一般的扭伤在 2～3 天后肿胀与疼痛开始减轻，只要不是很痛，可以适当活动并逐步加大活动量。运动前要充分做好准备活动，防止再次发生扭伤。较重的扭伤不宜过早活动。

(5) 药物的应用。扭伤初期，不需内服药，也不宜外敷活血的药物，以免加重出血和肿胀。扭伤 1～2 天后，可以内服些跌打丸、云南白药等活血止痛药物，再外敷消肿化淤的药物。

经过以上治疗以及相应的肢体锻炼，一般的扭伤都能痊愈。由于扭伤常伴有骨折和关节脱位，所以当发现婴儿疼痛加重，或有关节的反常活动等不适时需及时去医院就诊。

六、烫伤的现场救助

烫伤是婴儿时期的多发意外，尤其以婴儿 1～3 岁时最多见。夏季婴儿穿得少，外露部位多，是婴儿烫伤的高发季节。烫伤轻者仅皮肤损伤，重者可达肌肉骨骼，甚至引起一系列全身变化，如休克、感染，处理不当可引起死亡。另外，烫伤还会给婴儿留下可怕的后遗症，如手指不能伸直、脚不能行走、膝肘等关节不能伸直及五官变形等，造成婴儿终生心身障碍。所以，防止烫伤的发生和适当处理烫伤很必要。

1. 分辨烫伤程度

(1) Ⅰ度烫伤。只损伤皮肤表层，局部轻度红肿、无水泡、疼痛明显。

(2) Ⅱ度烫伤。为真皮损伤，局部红肿疼痛，有大小不等的水泡。

(3) Ⅲ度烫伤。烫伤可及皮下、脂肪、肌肉，甚至深及骨骼，并呈灰或红褐色，皮肤多变白、发硬，甚至焦黑。

2. 烫伤的处理

（1）Ⅰ度烫伤的处理：迅速用流动的清水冲 30 分钟左右，这样可减轻红肿程度，舒缓疼痛。一般来说，冲洗时间越早，水温越低（不能低于 5℃，以免冻伤），效果越好。冲洗完毕再用京万红、美宝润湿烧伤膏等涂抹。可用纱布包扎，这样可防止婴儿抓破，造成感染。应当注意，这种“冷却治疗”在烫伤后要立即进行，如不及时冲洗，烫伤的余热还会继续损伤肌肤，冲洗只能起止痛作用，不能保证不起水泡。如果烫伤部位不是手或足，不能直接冲洗伤处，可将受伤部位用毛巾包好，再往毛巾上浇水；用冰块敷在毛巾外效果更佳，但要注意冰块不要直接接触烫伤皮肤。Ⅰ度烫伤如果面积小，一般不用去医院治疗，处理得当也不会留下难看的疤痕。

（2）Ⅱ度、Ⅲ度烫伤的处理：烫伤后，如皮肤起泡，非常疼痛，应避免将水泡弄破，可将患部放入盛有凉水的脸盆内，再打开自来水流入脸盆，使患部冷却。如患部无法直接放入脸盆内，应用毛巾包好，再往毛巾上浇水，冷却。待患部冷却后，再用消毒纱布覆盖以防细菌感染，然后送婴儿去医院处理。如果烫伤后皮肤水泡破溃面积较大，或是Ⅲ度烫伤，则不建议用清水处理，应立即送医院治疗。

小提示

如果婴儿穿着衣服被烫伤，应立即用冷水由衣服表面冲下，或者将覆盖着衣服的患部直接放入盛满水的浴缸里，等患部确实冷却后再脱掉衣服。若脱衣服时有一部分粘在皮肤上，千万不可强行脱下，应保持现状，等待医生处理。

七、外伤出血的现场救助

高级育婴师应能够根据出血程度的不同，作出相应的紧急处理。

1. 表浅的划伤和擦伤的处理

用肥皂和清水清洗伤口，然后涂上抗菌软膏，或用云南白药，再贴上创可贴或覆上纱布用胶布固定。

2. 出血较多或伤口较深部位的处理

对于较干净的伤口，可用干净的纱布或衣服紧压，经过 3～4 分钟的直接压迫后，检查一下血是否止住。如果血没有止住，应该继续压迫伤口。血止住后，用肥皂、清水或无菌纱布轻轻地清洗伤口，涂上抗菌软膏，以防感染和减少结疤的可能性，然后用无菌绷带包扎伤口。

有碎玻璃块、金属等物体嵌在伤口上，伤口过长或者过深，且伤口经过压迫仍不能止血时，都需要立即送婴儿去医院进行处理。

小提示

育婴人员应提醒雇主备置一些急救物品，如消毒纱垫、绷带和三角巾、医用胶布、创可贴、消毒棉球或棉签、抗生素软膏、剪子和镊子、碘酒和 75%酒精、2%红汞（红药水）等。

03 第三章

教　育

第一节　婴儿发展评价

一、婴儿发展评价的重要性

1. 婴儿发展评价

婴儿发展是指在0～3岁期间，婴儿的生理、心理以及社会行为上逐渐发展、成熟、变化的过程。婴儿发展评价是对婴儿整体发展水平和发展速度进行的评定和估价。一般从大运动、精细运动、语言能力、个人—社会、适应性行为五个领域进行科学评价。

2. 婴儿发展评价的重要作用

婴儿发展评价是制订个别化教学计划的基础和前提。婴儿的发展评价是对婴儿整体发展水平、各项能力的发展水平及其发展速度进行科学评价，有助于对婴儿阶段性发展进行全面的了解，以便进一步有针对性地对婴儿发展需要进行计划。

二、婴儿发展的特点

1. 婴儿发展的共同特点

0～3岁婴儿的发展都遵循着一个共同的规律，具有共同的特点。具体来说，动作技能、语言能力、认知能力、社会行为及人格培养的发展，都有一定的顺序。以动作技能中大运动的发展规律为例：一般来说，婴儿3～4个月会抬头，8～9个月会坐，11

个月会站，1岁至1岁2个月会走。任何一个婴儿的动作技能都是按自上而下、由近到远、从不协调到协调、先正面运动后反面运动的顺序发展的。每个行为的出现都有一定的时间范围，这就是婴儿发展的阶段性和连续性，也是婴儿发展的基础。

2. 婴儿一般发展水平

高级育婴师应能够根据不同年龄阶段的婴儿在各个领域中的一般行为表现，参照下表判断婴儿的发展水平。

0～3岁婴儿各年龄段的一般发展水平

年龄	大动作	精细动作	语言	认知	社会行为
1个月	俯卧抬头	抓握反射	哭是语言	眼睛追随光的移动	被抱起来时能安静下来
2个月	头竖直几秒钟	握紧短棍	发a、e、o等元音	眼睛随响铃移动	逗引有反应
3个月	扶坐时头稳定	玩弄自己的手	笑出声	眼睛随红球转动	眼睛跟踪走动的人
4个月	俯卧抬胸	摇动并注视拨浪鼓	“咿呀”声	看用绳牵着的物体	认亲人
5个月	从仰卧位翻向俯卧位	抓住近处玩具	对人或物发声	抓住悬挂的环	扭头注意说话或唱歌的人
6个月	能坐一会儿	双手互相传递积木	对不同声音表示不同反应	用手掌摸（探摸桌面）	伸臂要求抱
7个月	能连续翻滚	会对敲积木	发“ma－ma”无所指，有意识摇铃	寻找滚落的物体	认生

续表

年龄	大动作	精细动作	语言	认知	社会行为
8个月	能从俯卧位坐起来	拇食指捏小丸	模仿成人声音	懂得成人面部表情	
9个月	扶腋下可练习站	拇食指捏小丸	会“欢迎”“再见”	方木对击	喜欢照镜子
10个月	能扶物站立	拇食指动作熟练	模仿叫“爸爸”“妈妈”	找盒子里的东西	会表达感情
11个月	扶栏杆走	会把物体从容器中拿出	能发单字音	懂得选择玩具	挥手再见
12～15个月	会独走数步	会握笔在纸上画道道	有意识叫爸爸、妈妈	认识红色	能找藏起来的东西
16～18个月	走路较平稳，会爬沙发	能搭数块积木	会说简单的词，如“再见”“谢谢”	认识自己的日常生活用具	能脱下衣裤，学习洗手
19～21个月	能够独立行走，喜欢爬上爬下	会用小勺吃饭	能说4～5个词连在一起的句子	认识常见的几种蔬菜、水果	模仿大人做家务
22～24个月	开始学跳	能握笔随意画	能说较复杂的句子	知道某些常见用品的用途	喜欢按自己的想法摆弄玩具
25～27个月	会双脚离地跳，下蹲自如	会画圆圈	会唱简单儿歌	具有想象力	有强烈的独立愿望

续表

年龄	大动作	精细动作	语言	认知	社会行为
28～30个月	会骑小三轮车	能一页一页翻书	能初步理解简单故事内容	初步知道白天、晚上	见不同的人会打招呼
31～33个月	能独脚站立片刻	会折纸	会讲故事的简单情节	认识方形、圆形、三角形	用语言表达自己的要求
34～36个月	能扔掷球	会解扣子、脱裤子	会说反义词	能手口一致对物数1～5	懂得文明礼貌

3. 婴儿发展的个别特点

由于遗传因素的影响和后天发展的不同，使得婴儿在同一阶段会表现出个体发展的不同特点。这种特点的形成，会使每个人的发展水平、发展方向、能力特征和个性人格特征的形成不同。高级育婴师应掌握和了解婴儿发展的个别特点，以便更有针对性地设计和编制个别化教学计划。

三、婴儿发展评价的方法

1. 观察评价法

根据不同年龄的不同行为表现规律，以各年龄段婴儿一般发展水平（表“0～3 岁婴儿各年龄段的一般发展水平”）为参照，通过观察比较，对照婴儿各方面的发展情况，评估婴儿的发展水平。对于发展不平衡的婴儿，既要针对某一发展不足的方面设计教学计划，采用适当的教育手段和训练方法帮助他提高发展速度，还要注意保持其特长的方面。

2. 横向发展对照法

各个地方、各个民族由于生活习惯和风土人情不同，因而对婴儿发展的要求和评价也不同。在五大领域里存在一定的差异，但在同一个环境中，同一个年龄段内婴儿的发展是有可比性的。可对在同一个生活环境中的婴儿作横向对比，根据对比结果评价婴儿的发展水平，为婴儿制订出有针对性的个别化教学计划。

操作方法：建议城市婴儿家长，通过参加亲子活动或公园晒太阳的机会接触同龄婴儿，针对五大领域内容进行交流、对比、评价。农村婴儿家长，可与同村一起晒太阳的同龄婴儿对五大领域内容进行交流、对比、评价。

3. 纵向发展对照法

现在，我国城市生活水平已和国际发达国家接轨，对婴儿的发展已引起社会和家庭的高度重视，在五大领域中，都有了规范的发展要求，城市婴儿可参照发达国家婴儿发展的水平，对比、评价婴儿的发展状况。农村也逐步和城市接轨，先进的育儿规范逐步取代了传统的、落后的育儿方法，婴儿发展的评价也进入了一个新的历史时期。农村可参照城市婴儿的发展水平对比、评价婴儿的发展状况，为婴儿制订出有针对性的个别化教学计划。

操作方法：对于出生在城市的婴儿，育婴人员可通过网络等途径查到的世界发达国家同期、同龄婴儿的发展水平，再参照我国“0～3 岁婴儿各年龄段的一般发展水平”，对婴儿的发展进行对比并给予评价。对于出生在农村的婴儿，可根据通过网络等途径查到的我国先进城市，同期、同龄婴儿的发展水平，依照我国“0～3 岁婴儿各年龄段的一般发展水平”，对婴儿的发展进行对比并给予评价。

第二节　实施个别化教学计划

一、了解婴儿的基本状况

全面了解婴儿的大运动、精细运动、语言能力、认知能力、社会性行为设定等领域的实际能力和水平，了解婴儿已经掌握了哪些基本技能、对哪些问题感兴趣、比较喜欢的学习方式等。

二、确定教学计划的起点和游戏活动的内容

确定婴儿在几大行为领域能力的最高点，将这个能力的最高点作为教学计划的依据，在此基础上决定教学的内容和方法。

三、制定适宜的教学目标

教学目标可分为长期目标和短期目标：

长期目标是婴儿发展的阶段性目标。如婴儿会坐，已经坐得很稳，就应该把爬作为下一个长期目标。长期目标从整体上确定了一个年龄阶段的教育内容和范围。

短期目标是将长期目标的过程分解为连续的若干小步骤。如把坐得很稳到爬这个长期目标分解为练习爬行、匍匐爬行、手膝爬行、障碍爬行等，每一个小步骤就是一个短期目标，短期目标是由婴儿的发育水平和学习能力决定的。

为了使婴儿教育和训练扎扎实实，如期实现长期目标，必须把长期目标分解成几个具体的短期目标进行操作，才能达到最佳效果。

四、实施教学计划的相关服务设施

根据确定的教学目标来设计教学内容和游戏方案，为家长和婴儿提供与实施教学计划有关的咨询和服务，并准备必要的教学用具。

五、编制个别化教学计划

个别化教学计划是一种全面反映婴儿发育情况，又针对婴儿的个别需要所编制的书面教学计划。个别化教学计划的编写没有统一的格式，但其设计格式的项目内容大致相同，在此以13个月大的婴儿霄霄为例，介绍其个别化教学计划的编制方法。

个别化教学计划的编写实例

婴儿基本资料	姓名：霄霄　　性别：女　　出生日期：2008年8月2日 体重：9.5千克　　身高：76厘米　　实际年龄：13个月 家长姓名：李旺　　填写日期：2009年9月5日 家庭住址：山西省妇女儿童发展中心家属院 联系方式：0351—6162371
目前领域能力水平状况	大动作：会独立行走 精细动作：会倒出盒子里的饼干 语言能力：能听懂大人说话，能做回答性动作 认知能力：会竖起食指表示自己1岁了 社会性行为：能和小伙伴一起玩

根据了解的情况，高级育婴师对照“0～3岁婴儿各年龄段的一般发展水平”表，分析霄霄目前的发展状况为：大动作、认知能力、社会性行为的发展符合这个年龄段婴儿的一般发展水平；精细动作、语言能力的发展低于一般发展水平。因此为霄霄制定出相应的教学目标和内容。

确定发展目标和教学内容

	长期目标	短期目标	教学内容	备注
大动作	能独立蹲、起、站稳、行走	练习独走数步	准备小拖车玩具，让霄霄拉着小车走，并逗引其变换姿势，拉着玩具侧着走或倒着走	霄霄拉车的过程中，要教她说“车”“走”，达到强化语言发展的效果
精细动作	锻炼手眼协调动作能力	套盒、套圈、搭积木	准备4～5块积木，让霄霄练习搭积木	适当加长练习时间，达到强化精细动作的效果
认知能力	认图片、认日常用品、认颜色等	认有颜色的几何图形，认识如苹果、香蕉、梨等图片，认日常用品	准备红色的积木和红色的雪花插片，让霄霄认识红色	在认识红色的过程中要教霄霄说出“红”“木”，达到强化语言发展的效果 引导霄霄反复插雪花插片，促进其精细动作的发展
语言能力	学习说话	模仿动物叫声	准备动物图片若干，让霄霄正确认识动物名称，并模仿动物叫声	—
社会性行为	锻炼生活自理能力	用小勺吃饭 根据大小便规律坐便盆	培养霄霄独立进餐。训练有规律大小便	—

六、对个别化教学计划的实施进行评估

在实施婴儿个别化教学计划的过程中，需要采用科学的手

段进行评估。

1. 确定短期目标是否符合婴儿的实际水平，游戏活动设计得是否合理。

2. 以评估结果为依据，及时调整和修正教学计划和游戏活动方案。

如果教学活动告一段落或者长期目标基本实现，则要进行总结性评估。

第三节 培训指导

育婴行业的工作内容是对 0～3 岁婴儿进行生活照料、护理和教育，他们的一言一行会对婴儿的成长造成直接的影响。目前，由于从事育婴职业的人员基础不同，文化水平参差不齐，工作态度、专业知识和操作技能有较大差异。因此，对育婴员、育婴师、高级育婴师进行统一的培训、考核、持证上岗是发展所必需的。

高级育婴师在高质量完成保育和教育婴儿的工作之外，还要承担对育婴员和育婴师的工作进行培训、指导、评估，并帮助育婴员、育婴师处理和解决工作中出现的问题的任务。

一、熟悉育婴人员的职业内容和要求

按照人力资源和社会保障部制定的《育婴员国家职业标准》，育婴人员（职业等级分为育婴员、育婴师和高级育婴师三个层次）的职业内容和要求如下：

育婴职业内容一览表

职级	职业内容和要求			
	基础知识	生活照料	日常生活与护理	教　育
育婴员	1. 职业道德和工作守则 2. 0～3岁婴儿生理发育、心理发展的特点 3. 0～3岁婴儿营养的相关知识 4. 0～3岁婴儿教育的相关知识	1. 孕前准备、科学受孕 2. 孕期保健与营养的相关知识 3. 胎儿宫内的健康发育 4. 产后保健、营养及护理的相关知识 5. 指导母乳喂养和正确冲调奶粉并能喂哺婴儿 6. 选择、搭配、制作泥糊状和固体食物并能正确喂食 7. 采用不同的方法给不同年龄段的婴儿喂水 8. 正确给婴儿穿脱衣服 9. 尿布的选择和使用 10. 为婴儿进行三浴锻炼 11. 对四具消毒，保证婴儿个人卫生	1. 在家中为婴儿量身长、体重 2. 按时带领婴儿预防接种 3. 对患病婴儿进行家庭护理 4. 了解铅的来源及铅中毒的表现 5. 意外伤害的预防和处理	1. 对不同年龄阶段的婴儿进行动作技能训练 2. 对不同年龄阶段的婴儿进行智力开发（认知能力和语言能力）训练 3. 对不同年龄阶段的婴儿进行社会行为及人格培养训练

续表

职级	职业内容和要求			
	基础知识	生活照料	日常生活与护理	教　育
育婴师		1. 正确为婴儿选择配方奶、泥糊状食品 2. 会选择饮用水 3. 纠正睡眠和二便的不良习惯 4. 为婴儿进行三浴锻炼 5. 正确选择、使用消毒剂	1. 正确为婴儿测量头围、胸围。 2. 预防接种的注意事项及反应处理 3. 对常见营养性疾病的护理 4. 日常保健和护理 5. 正确为患病婴儿量体温、数脉搏、数呼吸 6. 铅中毒的危害及预防 7. 有针对性地预防婴儿意外伤害	1. 对不同年龄阶段的婴儿进行动作技能训练 2. 对不同年龄阶段的婴儿进行智力开发(认知能力和语言能力)训练 3. 对不同年龄阶段的婴儿进行社会行为及人格培养训练
高级育婴师		1. 科学选择、调配和安排婴儿膳食 2. 能够辨别脱水 3. 提高睡眠质量 4. 能够识别大小便的异常 5. 为婴儿进行三浴锻炼 6. 营造良好的居室环境卫生	1. 对婴儿生长发育进行评价 2. 接种后的反应和处理 3. 对婴儿常见疾病的预防和护理 4. 对意外伤害进行现场救助	1. 对婴儿发展进行综合评价 2. 编制并实施个别化教学计划 3. 能够对育婴员、育婴师进行培训、指导和评估 4. 能够对婴儿家长的教育观念和方法进行培训与指导

小提示

从事育婴职业，主动教育的全过程显得尤其重要。首先，育婴员、育婴师已不再是传统意义上的保姆或者月嫂，而是被定位成神圣的职业——教育工作者。他们肩负着把主动教育的理念带给家长，并身体力行地去实施的职责。

二、对育婴员、育婴师的培训和指导

1. 开展培训、指导的原则

（1）循序渐进的原则。培训指导的目标和内容应符合国家对本职业提出的相关标准和要求，对育婴员、育婴师开展培训、指导时应按照循序渐进的原则。考虑到育婴员和育婴师的基础不同，在对相关知识和操作技能进行培训时应从简到繁、从低到高，让育婴员和育婴师逐渐适应。

（2）理论联系实际的原则。对育婴员和育婴师培训指导的内容不仅要有理论知识，更要重视实际操作的能力，保证育婴员和育婴师能持证上岗。理论联系实际有利于指导和帮助育婴员、育婴师解决工作中出现的各种实际问题。

（3）互动原则。在培训的过程中，提倡参与教学、情景教学、师生互动。这里以“婴儿腹痛怎么办”的培训指导为例进行介绍。

培训内容：了解婴儿腹痛的相关知识

培训人数：最多不超过 30 人

授课时间：30 分钟

座位安排：教师与学员围坐

具体方法：讲解、示范、咨询、参与、交流等

培训目的：了解婴儿腹痛的原因、状态、处理办法、注意事项。

培训过程：

(1) 学员快速抢答，找出关于婴儿腹痛的原因和解决办法。

(2) 教师在白纸上归纳答案。

(3) 由学员谈婴儿腹痛方面的相关知识和经验。

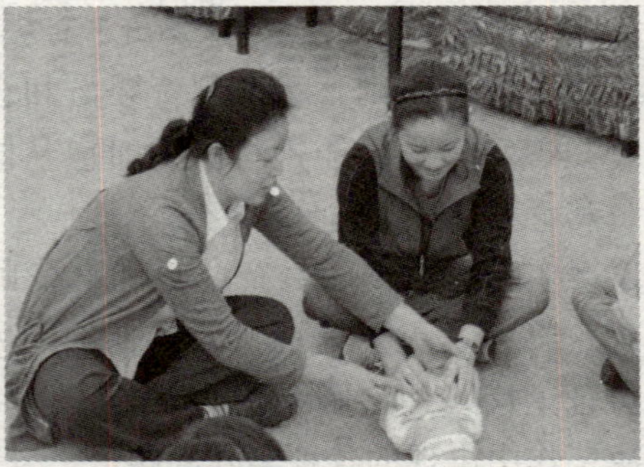

(4) 教师就每人的回答讲解总结出正确方法。如情况紧急，最好的办法是立即送医院就医。

(5) 由学员总结注意事项。

小提示

高级育婴师在开展培训指导前，须准备好与培训内容有关的教学用具，如婴儿模型等。

2. 培训、指导的方法

高级育婴师有计划、有目的地对育婴员、育婴师进行培训，可分长期培训和短期培训，或不定期培训，根据培训对象的需求进行安排。

培训、指导可采取灵活多样的方法，如集中培训、专题讲座、个别指导、学习交流等。

培训前，高级育婴师应根据培训对象的需求和工作要求制订培训计划，其中包括培训目标、培训人员、培训时间、培训地点、培训内容、培训方法等。这里以育婴员的培训计划为例，进行介绍。

培训时间：3月1日至30日，理论30课时，实操80课时

培训地点：培训中心第一教室上理论课，第二教室上实操课

培训老师：（理论课）高级育婴师李老师，（实操课）高级育婴师郑老师

培训内容：授课采取理论＋实操相结合的教学方式，课程内容突出可操作性和实用性

（1）育婴员职业前景和职业素质培养。

（2）婴儿生理发育和心理发育特点。

（3）婴儿饮食、饮水、睡眠、二便、三浴、卫生等生活照料方面的知识与技能。

（4）婴儿生长监测、预防接种、常见病护理、预防铅中毒、意外伤害的预防与处理等日常生活保健与护理的内容。

（5）婴儿大动作、精细动作、语言能力、认知能力、生活自理能力、社会交往、情绪行为能力、婴儿发展评价、个别化教学等教育方面的内容。

（6）根据不同地区制定婴儿食谱并能制作。

培训目标：通过培训，使培训对象成为合格的育婴员，能

持证上岗。

此外，高级育婴师还可深入到育婴员、育婴师所从事的工作场所中进行走访，了解其工作情况，及时帮助他们解决实际问题。

3. 对育婴员、育婴师的工作进行评估

高级育婴师通过评估可以检验育婴员、育婴师的工作质量，并有针对性地提高他们的工作水平。一般可采用自评和互评相结合、辅导和考核相结合的形式进行评估，具体评估方法有：

（1）教学评估：通过问卷调查和访谈，了解学员的基础程度，进行有效的教学和指导，在培训结束时，可通过笔试进行学习效果评估。

（2）实践评估：通过实际操作来演示相关知识和能力，是对育婴员和育婴师最直接的评估方式。

（3）社会评估：通过家长问卷调查，对育婴员和育婴师的工作成果进行评估。

三、对婴儿家长的培训和指导

家长是孩子的第一个老师，是婴儿物质生活的提供者和监护人，家庭环境、家长的行为对婴儿的成长至关重要，为此，高级育婴师还要格外重视对婴儿家长的培训和指导。

1. 培训、指导的内容

（1）帮助家长树立正确的育儿观念。

（2）向家长传授一些科学育婴的实用方法和技巧。

2. 培训、指导的形式

（1）高级育婴师可开展社区和家庭授课业务，根据不同群体和不同家庭的需求，通过社区进入多种形式的家长学校进行普教授课。高级育婴师根据家长学校的团队状态制定合理的教学方案，起到普教的作用，推动育婴事业的发展。

（2）高级育婴师根据需求也可入户进行有针对性的授课。根据家庭需求，在入户授课前，要制订和家庭各方面条件相吻合的培训计划，培训计划应和家长沟通，以保证具有实效性。

3. 与家长沟通的具体方法

高级育婴师与家长沟通的具体方法有：在家长学校互相交流、面对面交谈、家访、建立联系本、请家长参加观摩课和亲子游戏等。

4. 与家长沟通的技巧

育婴人员在与婴儿家长沟通时都要以整洁大方的形象、热情饱满的态度、礼貌的言行，选择与婴儿生活相关的话题进行探讨，并耐心听取对方的问题，作出正确的解答。

04 第四章

家庭教育艺术

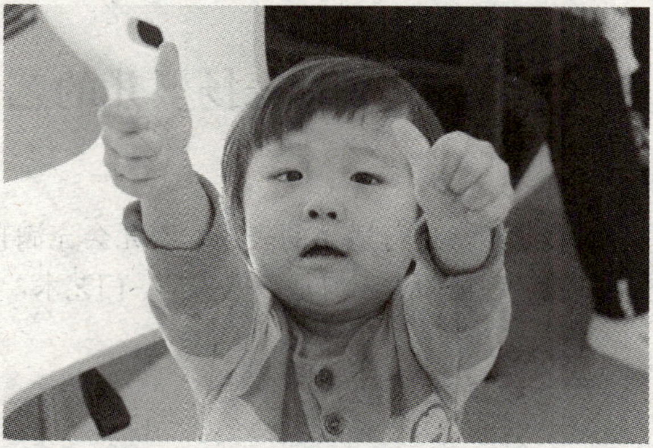

高级育婴师要指导家长树立正确的育儿观念，要让家庭的每一个成员都能认识到：家庭是婴儿的第一课堂，父母是婴儿的第一任老师。作为孩子生命中最重要的老师，父母必须要有不断学习的意识和能力。只有不断学习，父母才能掌握科学的教育理念和方法；只有不断学习，父母才能和孩子保持同步前进；只有不断学习，父母才能真正担负起教育孩子的重任。

高级育婴师要指导家长做到对婴儿赏识教育、培养婴儿的行为责任感、提高婴儿的专注力、树立良好的人格行为等。

第一节　表扬婴儿的艺术

对婴儿经常进行适当的表扬，婴儿会充满自信，善于迎接各种挑战，积极向上。但是，表扬是一门艺术，需运用得当。

一、表扬要及时

当婴儿做了好事或者达到所期待的目标时，要马上表扬，及时表扬才有意义。

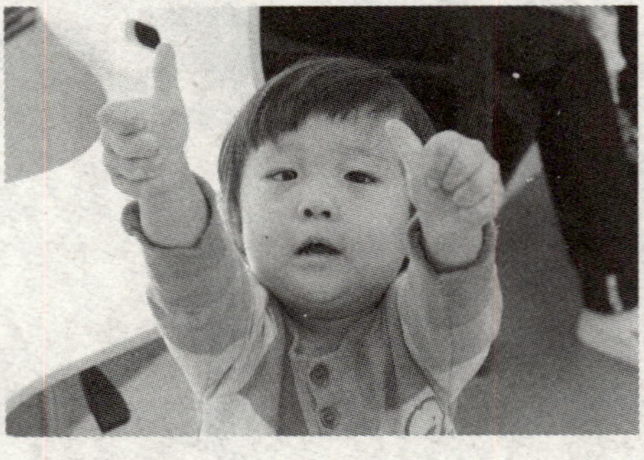

二、表扬行为而非婴儿本身

在表扬婴儿时，要让他知道表扬的是他的行为，而不是他这个人。比如，你最好别说："你真是个好宝宝。"，而要说："你知道帮助别的小朋友，真好。"

三、表扬最好具体明确

表扬越具体明确，婴儿越容易明白哪些是好行为，越容易找准努力的方向，并且重复这一行为。

四、表扬要因性格而异

对性格外向、活泼好动的婴儿不宜过多地表扬，防止滋长他的骄傲情绪和虚荣心；对性格内向、不多语、不好动的婴儿则应及时地予以表扬和奖励，以增强他的自信心。

五、表扬要先密后疏

在婴儿形成一个良好行为习惯的初期，要经常性地表扬，以加深印象；随着时间推移，逐渐拉开表扬的间隔，等好的行为习惯形成后，就不用再进行表扬了。

第二节　收拾玩具的训练

2 岁的婴儿，可以引导他收拾玩具、自己的用品等，让他对自己的行为产生责任感，从小建立起一种良好的生活习惯。

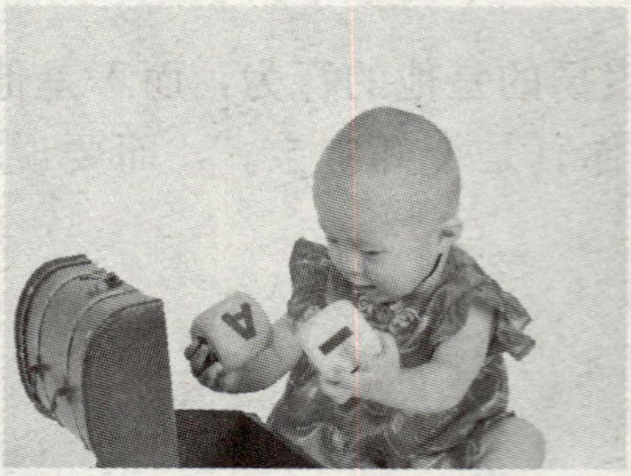

一、学习法

让婴儿边收拾玩具边学习，比如，“我把圆的积木堆在一起，你把方的积木放在一起。”在分工中，加入形状、数字、颜色的概念，让婴儿既提高了学习的兴趣，又完成了家务活动。

二、游戏法

告诉婴儿：“我们来玩个帮玩具找家的游戏，这些积木需要回到木盒子家里，那些布娃娃说想到外面晒晒太阳。”“宝宝要给玩具们上课了，让他们站到墙角排成队听你讲课好吗？”这样婴儿不但不会觉得做家务是一种负担，相反还会提高他的积极性。

三、惩罚法

对于顽劣的婴儿，可用这种方法。比如告诉他：“你不肯自己收拾玩具，玩具会生气躲起来的。”然后，可以把玩具先藏起来，让婴儿有种失去的感觉，让他学会珍惜玩具，从而投身到收拾玩具中来。

四、鼓励法

及时鼓励婴儿点点滴滴的进步，比如告诉他说："这次比上次摆得要整齐一点。"让婴儿对自己每一个进步都充满自信，以更大的热情投入到下一次行动中。

第三节　培养婴儿的专注力

在婴儿的学习过程中，专注力会影响婴儿学习前的潜在因素及学习中的投入程度和学习后的成效。

一、创造安静的环境

在家中，要注意创造良好的学习、生活环境，避免分散婴儿的注意力。婴儿学习的环境应安静、简朴，避免无关刺激的

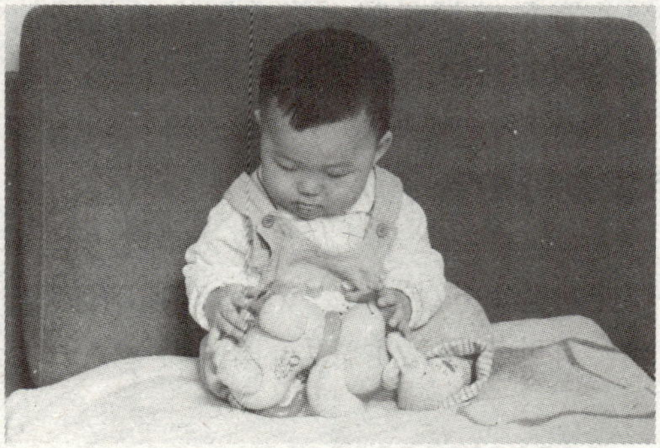

干扰。当婴儿认真看图书、绘画、做事情的时候，家长们要为婴儿创造安静的环境。不要开电视和电脑，不要把玩具和糖果之类的东西放在婴儿旁边。

二、培养学习习惯

在相对固定的时间里安排学习活动，逐步地培养婴儿养成学习的习惯。有了学习的习惯，到了学习的时间，婴儿的大脑即会自动启动，高速运转起来，学习也会更专注。

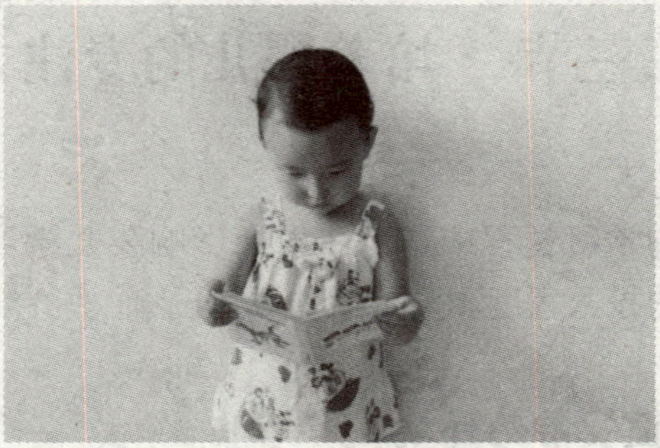

三、养成合理的生活习惯

必须让婴儿有足够的睡眠，能有固定的起居饮食及游玩时间，让婴儿有愉快的情绪来专注地学习。

四、丰富多彩的亲子游戏

父母和婴儿一起做丰富多彩、生动有趣的游戏，如藏猫猫、串珠子等游戏，有助于婴儿注意力的集中。

第四节　婴儿怕生怎么办

婴儿 4 个月左右开始认识母亲，6 个月开始怕生，9 个月左右怕生达到高峰，大约 15 个月怕生消失。为缓解婴儿怕生，可采取以下办法。

一、亲人陪在身边

如果有妈妈或其他亲密的养育者在身边，婴儿对陌生人就不那么害怕。所以，在未熟悉前，尽量不让陌生人突然接近独处的婴儿，以免婴儿受到惊吓而畏缩。应在妈妈或育婴人员陪伴下循序渐进地接触陌生人，先抱着婴儿在远处观望陌生人，然后离得近一点，让他与陌生人接触，慢慢地接近陌生人，以降低他的焦虑或恐惧程度。

二、处于熟悉的环境中

婴儿在熟悉的环境中（如家里），产生怯生的程度比在陌生环境中的怯生程度要小得多。家长可以在家里接待客人，增加婴儿与人交往的机会，然后逐步扩大其交往范围，不断增强他的感知能力、认识能力和记忆储存能力。让婴儿与经常见面的左邻右舍打个招呼、问个好，再慢慢过渡到走亲访友，带婴儿去公园和同伴嬉戏，利用乘车、散步的机会让婴儿和陌生人接触等。

第五节　如果婴儿太黏人

婴儿非常弱小，依赖父母很正常。如果婴儿太黏人，育婴人员要提醒婴儿父母，千万不要责骂婴儿，不妨采取以下方法。

一、教婴儿独立玩耍

把婴儿安顿在父母的房间或客厅中，让他自己玩。育婴人员可以帮婴儿准备一些玩具，只要他专注于自己的活动，就不要打扰他。

二、试着讲道理

育婴人员要给婴儿讲明："妈妈有事要离开一会儿。"刚开始，婴儿可能有点不能接受，但只要坚持几次，婴儿就可以离开妈妈几分钟了。

三、渐进式地分离

如父母和婴儿要分离，应有一段缓冲时间，让父母与育婴人员有角色的过渡，一方面育婴人员要有信心，另一方面育婴人员要了解父母对婴儿的照顾方式和态度。育婴人员要充分配合，减少婴儿面对分离时所带来的焦虑及不适应行为。

四、让婴儿看着妈妈走

如果妈妈外出，一定要让婴儿看着妈妈走，当面和婴儿告别，育婴人员要告诉婴儿妈妈干什么去了，别忘了强调一会儿妈妈就会回来。

五、避免不良暗示

当婴儿顽皮、不听话的时候，妈妈千万不要说："你再不听话，就不要你了。"婴儿初上婴儿园，当妈妈要离开时，往往会哭闹，这时妈妈千万不要说："你不乖，妈妈就不来婴儿园接你了。"这些话会伤害婴儿幼小的心灵。

第六节　让爱哭的婴儿坚强起来

有些婴儿情绪不稳，易哭、爱闹，碰到一点小事心里就不能承受，常用哭来宣泄。怎么能让这些"爱哭包"坚强起来呢？

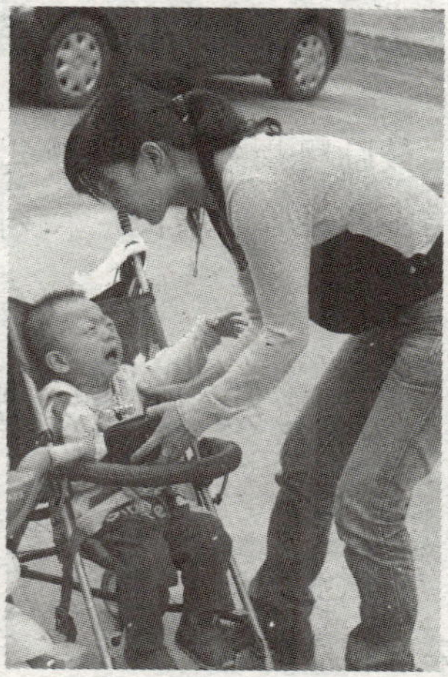

一、教婴儿用语言表达

在拥抱、安抚婴儿的时候，应该告诉他，好孩子不应用哭而应用语言来表达。可以讲一些相关的故事来加强对婴儿这一方面的训练。

二、给婴儿一个乐观愉快的氛围

不要经常打骂婴儿，或强迫婴儿做什么事情，对于婴儿的培养要符合他的兴趣、爱好等，让婴儿从小生活在一个轻松愉快的环境氛围中，“自然”地发展。

三、培养婴儿的独立性

育婴人员或婴儿家长对于有一定独立性的婴儿，不应事事代办，而应鼓励他做力所能及的事情。

四、建立婴儿的自信心和自尊心

育婴人员或婴儿家长应该多用肯定和表扬来强化婴儿的优点，让婴儿对自己充满信心，这对于培养婴儿坚强的性格也是非常必要的。

五、鼓励婴儿多交朋友

鼓励婴儿多和同龄婴儿交朋友，这样一来，随着婴儿经历的增多和经验的增长，承受能力会逐渐增强。

第七节　婴儿咬人怎么办

如果婴儿咬人，育婴人员要及时分析婴儿咬人的原因，分别采取相应的对策。

一、生理性原因及对策

1. 长牙发痒

长牙时期的婴儿因为牙齿黏膜受到刺激会发生牙痒痒的现象。当婴儿有很强的咬东西的欲望而无法得到满足时，不少婴儿就会咬人。

对策：给婴儿一个可以用来咬的替代品。可以采用让婴儿吃磨牙棒，咬牙胶等方式，来满足他这一特殊时期的特殊需要。

2. 语言贫乏

婴儿在学会走路之后，与他人交往的需要快速发展起来。但是，由于语言贫乏，又不懂得如何与人交往，所以他们常常用推、拉、咬等非常手段引起别人的注意，以此实现交往和表达意愿的目的。

对策：教婴儿尽量使用语言。如果婴儿是因为想吃东西而咬人，可以教婴儿说“我饿了，我想吃东西”。如果婴儿是因为想和小朋友交往而咬人，可以教他说“我们一起玩儿好吗”，并且给婴儿演示。

二、心理原因及对策

1. 咬人是一种发泄

婴儿有不满情绪时，往往会通过咬人发泄出来。比如，有时婴儿的要求没有得到满足，他就有一种不满的情绪要发泄；婴儿感到紧张、害怕、压抑、愤怒时，也会咬人。

对策：让婴儿多玩安静的游戏，尽可能保证婴儿睡眠的充足。当婴儿出现不满情绪时，可以用安静的游戏缓解他的这种不满。

2. 咬人是出于好奇的模仿

有时候婴儿咬人是一种社会性模仿。如果家里的大人爱咬婴儿的小手小脚玩，或婴儿出去玩时看到其他小朋友咬人，他都会觉得很新奇，于是自己也会尝试着咬人。

对策：育婴人员及婴儿家长要明确地告诉婴儿，咬人是不好的行为，会伤害到别人，爸爸、妈妈和小伙伴都不喜欢，应该对婴儿反复强调这种思想。当看到婴儿有咬人的倾向时，就要用话语或眼神严厉地制止，让他明白，爸爸、妈妈和老师都不希望他这样做。

第八节　婴儿说谎怎么办

对于婴儿说谎，一定要分清原因，采取相应的处理办法。

一、婴儿说谎的原因

1. 年龄小的婴儿往往分不清事实与想象，易把想象与现实相混，把自己想象中的事情当成事实说出来，这其实不能叫说谎。

2. 模仿周围人说谎。比如，你和婴儿在一起玩得正开心，有朋友叫你去做其他的事情，你便捂着肚子，推托说：“不行啊，我正肚子疼，出不去！”永远不要忽视婴儿的模仿能力。

3. 婴儿为了引起大人的注意，也可能说谎。如果发生此类情况，大人应反省，是否疏忽了婴儿，应及时加强与婴儿相处。

4. 婴儿为了逃避惩罚或获取大人的欢心也易说谎。

二、对婴儿说谎的处理办法

对待善于说谎的婴儿，应采用适当的方式予以惩罚，但要注意惩罚的“度”。

在惩罚其说谎行为的同时，要更多地奖励其诚实行为。

当婴儿承认自己的错误时，父母不要先批评婴儿的错误行为，而应着重表扬其勇于认错的做法。

第九节　婴儿不爱吃饭怎么办

有些婴儿不爱吃饭，育婴人员和婴儿家长要注意以下几点，把食物变成婴儿的美味，以增进婴儿的食欲。

一、让婴儿少吃零食

少食多餐是最有利于婴儿健康的饮食方式，因此正餐之外选择营养价值高的食品当点心在所难免。点心不可太多，以免婴儿到了正餐时却吃不下饭。

二、换换烹调方法

婴儿不愿吃饭的理由，不一定在于菜的味道不好，有时是因为烹调的方式让婴儿无法接受。所以，育婴人员或婴儿家长不妨经常换换烹调方式，如清蒸、红烧，让婴儿有新鲜感。

三、菜肴色彩丰富一些

大多数婴儿都喜欢色彩鲜艳的食物，若食物颜色不鲜艳，就很难吸引婴儿。

四、餐中多加婴儿喜欢吃的东西

虽然均衡摄取各类食物，才可帮助婴儿健康地发育成长，但也不可强迫婴儿进食。可先以婴儿喜欢吃的食物为主，再由少到多，渐渐加入其他食物，让婴儿接受各类食物。

五、营造一个轻松愉快的进食环境

进食时不提及不愉快的话题，不强迫婴儿进食，进食时应细嚼慢咽。

第十节　语言开发解决四大难题

父母都比较关心婴儿的语言发展。婴儿第一次开口叫人，婴儿会说第一句完整的话，父母都会欣喜万分。但是，在这一过程中，也有不少父母会遇到如婴儿说话口齿不清、发音不准，开口迟、口吃，阶段性沉默、不爱说话等一些困惑和问题。对此，该如何解决呢，以下逐个分析。

一、口齿不清、发音不准

口齿不清、发音不准，医学上称为发育性语言不清。婴儿出现这种情况，一般应该从以下几个方面考虑：

◆ 发音器官是否有缺陷（如舌系带异常等）。

◆ 婴儿的发音器官不够完善，调节能力弱。

◆ 受语言学习环境影响（父母发音不准，如语言混淆等）。

属于第一种原因的，需要及时治疗。

属于第二种原因的，随着婴儿的长大，发音器官逐步完善，他辨别和学习正确发音的能力是会迅速提高的。

属于第三种原因的，应该尽量避免使用儿语与婴儿说话；跟婴儿交流时尽量放慢语速，保证婴儿能听懂每一个发音。

二、开口迟

多数婴儿 2 岁以前正式开口说话，但如果过了 2 岁还不会说话或只是简单叫“爸爸、妈妈”而不会表达其他意思，就属于开口迟了。导致开口迟的因素有：

◆ 听力障碍。

◆ 语言环境复杂。

◆ 家庭教育状况和家庭环境等。

解决方案：

◆ 父母和育婴人员要多花时间跟婴儿说话交流，不断进行语言刺激，让婴儿产生用语言沟通的欲望。

◆ 说话时，尽量使用口头语言和肢体语言并用的方式，以便于婴儿学习和理解。

◆ 多给婴儿讲故事，扩大他的视野，丰富他的词汇。

◆ 带婴儿参加一些婴儿们的社交活动，为其创造语言交流环境。

三、口吃

婴儿有表达欲望，想要说点什么，但却总反复不断地重复某一个字或堵塞在某一个音节上，无法流畅地表达意思的现象，叫做口吃。口吃是一种语言障碍。婴儿口吃产生的原因有：

◆ 模仿行为：婴儿与口吃患者接触，对口吃患者的言行表示好奇，进而去模仿学习，就可能导致口吃。父母应特别注意，在婴儿语言刚开始发育的阶段，应尽量避免其与口吃婴儿接触。

◆ 大人教育不当：婴儿发音不准或咬字不清楚时，父母急于矫正，造成婴儿心理上的压力，说话时出现紧张，失去说话信心，从而导致口吃。

◆ 突然的精神刺激：惊吓、环境的突然改变、因受到严厉惩罚感到恐惧，都会造成心理紧张，从而导致口吃。

◆ 遗传：25.5％的口吃患儿与遗传有关。

小提示

我国的口吃诊断标准：

◇ 经常反复出现言语、单词重复、延长的现象，而且频繁出现停顿，使言语不流畅。

◇ 症状至少已经3个月。

◇ 排除神经系统疾病、抽动障碍等。

解决方案：

◆ 给婴儿一个宽松的环境。不动声色地对待口吃的婴儿，恐吓、责骂反而会增加他的紧张焦虑情绪。

◆ 可以用稍慢的语速跟婴儿交流。

◆ 加强言语训练：

说话前深吸一口气，语速要慢。

平时用多背儿歌、多讲述故事等语言形式进行自我训练。

通过轻松的家庭对话、课堂提问等形式，帮助口吃婴儿坦然面对他人。

公共场所训练讲话，多肯定、鼓励和帮助他们。

四、阶段性的沉默

婴儿会说话后，会在1～3岁的某个阶段，突然变得说话吃力起来，甚至反而退回去又用手势或行动表示自己的意愿，而不愿意开口说话了。

婴儿的语言发展是有阶段性的。在某一个特定阶段，婴儿会出现这样的情况：能理解的语言大量增加，而能够说出来的词语却很少，有些婴儿甚至会出现一个阶段性沉默。

解决方案：

◆ 不要给婴儿太多压力。

◆ 给婴儿创造丰富的语言环境。

附录一　亲子教育教案

为使婴儿健康聪明地成长，就要对其进行亲子教育。山西省妇女儿童发展中心亲子园的育婴师们，根据各个月龄段婴儿生长发育的规律和特点，在实践中编制了有针对性的婴儿亲子教育教案，并据此进行了卓有成效的亲子教育。丰富多彩的亲子益智活动，使宝宝在快乐中玩耍，在快乐中学习，在快乐中成长。现举几个教案如下。

6个月宝宝亲子活动——动作技能课

一、教学目的

1. 通过自我介绍，培养宝宝初步的交往意识，学习用点头或招手的方法与人打招呼。

2. 通过全身按摩，增加亲子之间的交流，促进宝宝大脑神经、肌肉和骨骼系统的发育，进而促进宝宝智能的发展。

3. 通过玩砂槌，练习手的灵活性，锻炼手眼的协调能力。

4. 通过亲子互动，刺激宝宝的视觉，训练宝宝爬的能力，使其感受集体游戏的快乐。

二、教具准备

轻音乐、砂槌、彩虹伞、乒乓球。

三、教学过程

1. 放《你好歌》，欢迎小宝宝的到来。

2. 自我介绍：我是刘老师，今天由刘老师带着宝宝一起做游戏。从这边开始，请家长帮助宝宝介绍宝宝的名字。

3. 向各位家长介绍这个月龄正常发育的宝宝动作技能发展的特征：能换手拿玩具，扶腋下能上下活动，能够翻身自如，会手拿玩具，扶坐较稳，有向前爬的意图。

4. 全身按摩（两个八拍）。

动作要领：让宝宝自然放松，一至四拍，家长握住宝宝两手腕，从手腕向上按摩，按摩四拍至肩；五至八拍，成人握住宝宝两足踝，从足踝向上按摩，按摩四拍至大腿部。第二个八拍的一至四拍自胸部到腹部进行按摩，手法呈环形；五到八拍同一至四拍。

5. 玩砂槌：老师拿砂槌摇晃，发出好听的声音。家长辅助宝宝握住砂槌一起摇晃，辅助宝宝对敲（重复多次）。妈妈再给宝宝一个砂槌，起先他会扔掉手里的再去拿新的。他想拿到更多的玩具，就要自己想办法，把一只手上的砂槌先放下，拿起另一个；或者左手砂槌倒到右手上，再拿另一个，从而学会传手。

6. 亲子互动：彩虹伞游戏。

打开彩虹伞，告诉宝宝这是彩虹伞，让宝宝坐在上面。老师把小球倒在彩虹伞的中间，吸引宝宝爬过去拿小球（妈妈帮助宝宝，抵住宝宝的双脚往前推）。宝宝爬过去拿到小球后，让宝宝玩一会爬回来，然后妈妈鼓励宝宝再去拿小球。反复几次。

7. 收彩虹伞：老师请妈妈们抱着宝宝围成圈，一起念儿歌：

小宝宝，快快来，
我们一起来，点点头、点点头；
我们一起来，招招手、招招手；
我们一起来说再见，再见。

四、结束，放《再见》歌

1. 表扬每一位宝宝今天表现得都很棒，并给每位宝宝贴小贴画，作为奖励。

2. 发家长指导卡。

3. 和每一位宝宝挥手再见。

山西省妇女儿童发展中心高级育婴师　刘　芳

7个月宝宝的亲子活动——动作技能课

一、教学目的

1. 通过让双手对拍和单手拍来增强宝宝脑、眼、手的协调能力。

2. 让宝宝通过亲子活动，感受集体活动的乐趣。

二、教具准备

手鼓、轻音乐。

三、教学过程

1. 放《你好歌》，欢迎宝宝的到来。

2. 自我介绍：大家好，我是白老师，我代表中心亲子园欢迎你们的到来。现在请宝宝们挥挥手和大家认识一下吧（教师走到每个宝宝身边，家长协助宝宝完成该动作）。好，真棒！

3. 向家长介绍这个月龄宝宝的生理、心理发育的主要标志：会独坐，爬行需成人帮助，两手各拿一物会对敲，会用一物敲击另一物，会做简单的拍手及招手动作。今天我们学习的内容是双手对拍和单手拍。

4. 音乐环节：教师将手鼓置于背后用手拍，说："宝宝们，请仔细听一下是哪儿发出这么好听的声音呢？（拿出手鼓）看，这叫手鼓，原来是手鼓发出好听的声音。现在看老师是怎么让它发出声音的（做示范动作）。请宝宝们像老师一样先把手鼓放在面前，用手拍打手鼓，它就会发出好听的声音。（宝宝们在家长的协助下和老师一起做）好，宝宝们拍得非常棒！"（可根据宝宝的兴趣决定练习的时间）

5. 学习双手对拍和单手拍：现在请家长协助宝宝跟着老师一起对拍，一、二，一、二……好，宝宝们表现得都非常好，我们都已经学会了双手对拍。接下来我们可以用宝宝的小手拍一拍妈妈的大手（该动作可以锻炼宝宝的脑、眼、手的协调能力。宝宝在完成动作时，家长与老师要及时给予鼓励）。

四、亲子互动——被动操

宝宝们表现得都非常棒！现在我们一起来做一节婴儿被动操——起立运动。这个动作的预备姿势是宝宝俯卧，家长双手握住宝宝肘部。然后，第一步握宝宝肘部，让其先跪再立；第二步扶宝宝站定，然后再由跪到俯卧。就这样，可以重复做几次。

五、结束，放《再见歌》

1. 表扬每一位宝宝今天表现得都很棒，并给每位宝宝贴小贴画，作为奖励。
2. 发家长指导卡。
3. 和每位宝宝挥手再见。

山西省妇女儿童发展中心高级育婴师　白彦青

8个月宝宝亲子活动——动作技能课

一、教学目的

1. 锻炼宝宝手部的精细动作及手、眼的协调能力。
2. 培养宝宝的听力和音乐感知能力。
3. 培养宝宝的社会交往能力，同时培养宝宝的语言发展能力。

二、教具准备

砂槌、小托盘、小碗、大珠子、音乐《小雨沙沙》。

三、教学过程

1. 放《你好歌》。老师在门口迎接宝宝的到来，在歌声中和宝宝打招呼。

2. 交往环节：

（1）老师作自我介绍，代表中心亲子园欢迎大家。

（2）请家长帮宝宝作自我介绍。

3. 向家长介绍 8 个月龄宝宝的生理、心理发育的主要标志：能用两手两膝向前熟练地爬行，扶腋下会做迈步动作，能用拇指、食指捏取细小物体。

4. 音乐环节：

（1）老师给每个宝宝发两个小砂槌。

（2）让家长辅助宝宝拿住小砂槌摇一摇，发出“沙沙”的声音。

（3）老师放音乐《小雨沙沙》，宝宝们跟着一起有节奏摇（这个环节可以培养宝宝的听力和音乐感知能力）。

5. 动作技能：

（1）老师给每个宝宝发托盘、小碗、大珠子。

（2）教师示范：告诉宝宝，把托盘上的串珠，像老师一样用拇指、食指对捏，放入小碗里。

（3）家长辅助宝宝完成，如果宝宝不明白，家长可握住宝宝的手去捏大珠子，然后再放入小碗里（让宝宝在操作中逐渐明白语言和动作的关系，尽量让宝宝用拇指、食指捏取大珠子）。

（4）老师到每个宝宝面前看一看并作表扬。

四、亲子互动——找妈妈

1. 铺开彩虹伞，把宝宝放到伞中间。

2. 家长手拿小砂槌，站在彩虹伞的外边摇砂槌，同时对宝宝说："宝宝快快爬，爬到妈妈这里来。"

3. 当宝宝爬到妈妈那儿时，妈妈抱起宝宝亲一亲，以示表扬。

4. 根据宝宝的兴趣可重复多次。

五、结束，放《再见歌》

1. 表扬每一位宝宝今天表现得都很棒，并给每位宝宝贴小贴画，作为奖励。

2. 发家长指导卡。

3. 和每位宝宝挥手再见。

山西省妇女儿童发展中心高级育婴师　郭红梅

9个月宝宝亲子活动——动作技能课

一、教学目的

1. 锻炼宝宝扶物站起、练习站立。

2. 培养宝宝按家长要求拿取玩具，并把玩具放在指定的地方。

3. 提高宝宝的综合协调能力。

二、教具准备

小圆桌、小筐、三种玩具（小狗、小球、小砂槌）、彩虹伞。

三、教学过程

1. 放《你好歌》。欢迎宝宝的到来。

2. 自我介绍：老师代表中心亲子园欢迎宝宝的到来，家长帮助宝宝说出名字（用拍手动作表示“欢迎”）。

3. 向家长介绍 9 个月龄宝宝生理、心理发育的主要标志：能扶东西站起来，能爬行；能用拇指、食指捏起小物体；能对简单语言做回答性动作；喜欢照镜子。

4. 动作技能：

（1）把小圆桌放在宝宝的面前，老师把小砂槌的形状、功能、玩法介绍给宝宝和家长。老师把多个小砂槌放在桌上，在家长的辅助下宝宝爬到桌前扶桌站起，拿上小砂槌按老师的要求有节奏地摇砂槌、敲桌子。（放音乐《小雨沙沙》，重复两到三次）

（2）老师把玩具小狗的形状和特点介绍给宝宝和家长。老师把多个玩具小狗放在桌子上，在家长的辅助下宝宝爬到桌前扶桌站起，拿上玩具小狗再把玩具小狗送给家长。

（3）老师在桌上放多个小球，宝宝把球拿上送给家长。

（4）老师给每位家长发一个小筐，让宝宝把小砂槌、玩具小狗、小球放到筐里。

四、亲子互动——找玩具

1. 老师带领家长和宝宝打开彩虹伞。

2. 老师和家长分别跪着抓起红色的角，让宝宝扶着妈妈站起，把筐里的玩具抛到彩虹伞中间。

3. 老师和家长把彩虹伞放平。家长拿起小筐，让宝宝爬到彩虹伞中间，拿上玩具爬回来，放到家长的小筐里。家长抱起宝宝亲一亲，以示表扬。(可根据宝宝的兴趣重复几次)

五、结束，放《再见歌》

1. 表扬宝宝们今天表现得都很棒，并给每位宝宝贴小贴画，作为奖励。

2. 发家长指导卡。

3. 和每位宝宝挥手再见。

山西省妇女儿童发展中心高级育婴师　王　峻

10个月宝宝亲子活动——语言发展课

一、教学目的

1. 鼓励宝宝玩时模仿环境中的声音。

2. 促进宝宝的语言发展。

二、教具准备

毛绒狗、玩具汽车及图片、平衡木、小房子、小圆桌。

三、教学过程

1. 放《你好歌》，欢迎宝宝的到来。

2. 自我介绍：为了增加孩子的兴趣，老师以仿真娃娃的名义，先作自我介绍。然后请家长以宝宝的名义，再作自我介绍。

3. 向家长介绍 10 个月龄宝宝的语言发展能力：能模仿发音，让宝宝学着叫爸爸、妈妈，学动物的叫声、汽车喇叭声等。

4. 语言发展：

（1）老师先把小汽车图片发给每位宝宝，告诉宝宝这是汽车，汽车喇叭发出的声音是“嘀，嘀，嘀”。然后再发给每位宝宝一辆玩具汽车，请家长帮助宝宝按喇叭，让汽车发出“嘀，嘀，嘀”的声音（可重复做多次），让宝宝学汽车喇叭发出的声音。

（2）老师先把小狗的图片发给每位宝宝，告诉宝宝这是小狗，小狗的叫声是“汪，汪，汪”。然后再发给每位宝宝一个玩具小狗，让小狗发出叫声（可重复做多次），让宝宝发出“汪，汪，汪”的声音。

（3）请家长扶着宝宝，让宝宝站在小圆桌旁边，先拿着小汽车在圆桌上推，一边推一边学汽车喇叭的声音，“嘀，嘀，嘀”。再拿着玩具小狗，让小狗在桌子上走，一边玩一边学小狗叫“汪，汪，汪”（可重复做多次）。

四、亲子互动

1. 让家长领着宝宝，拿着小汽车在公路（平衡木）上跑，一边玩，一边学汽车喇叭发出的声音。

2. 让家长领着宝宝，把小狗放到小木房旁边，并学小狗的叫声。

五、结束，放《再见歌》

1. 表扬每位宝宝今天表现得都很棒。
2. 发家长指导卡。
3. 鼓励宝宝挥手和老师再见。

山西省妇女儿童发展中心高级育婴师　李华玲

11 个月宝宝亲子活动——语言发展课

一、教学目的

1. 培养宝宝社会交往能力和对环境的熟悉。

2. 通过玩小砂槌锻炼宝宝的音乐节奏感，调节宝宝的情绪。

3. 通过认识小鸭子，锻炼宝宝的语言能力。

二、教具准备

小砂槌、小鸭子玩具及图片、小手绢、音乐《小小鸭子嘎嘎嘎》和《小鸭嘎嘎》。

三、教学过程

1. 放《你好歌》，欢迎宝宝的到来（老师站在门口微笑欢迎家长及宝宝）。

2. 自我介绍：

（1）老师作自我介绍："宝宝们好，我是郑老师，让老师也来认识一下宝宝吧。"

（2）家长握住宝宝的手挥一挥："大家好，我是××宝宝。"其他家长握住宝宝的手拍拍："××宝宝，欢迎你。"

3. 向家长介绍11个月宝宝生理、心理发育的主要标志：理解简单词意，指认身体某些部位，对简单的图片感兴趣。

4. 音乐环节：

（1）老师发给宝宝两个小砂槌，并指导宝宝摇一摇发出声音，告诉宝宝这种乐器叫小砂槌。

（2）让宝宝在家长的帮助下玩一会小砂槌。

（3）听音乐《小鸭嘎嘎》，跟老师一起有节奏地摇小砂槌。

5. 认识小鸭子：

（1）老师给宝宝形象地描述小鸭子外貌，让宝宝认识小鸭子。

（2）小鸭子要和宝宝们一起玩，让宝宝抓握小鸭子，让宝宝指认小鸭子扁扁的嘴、小小的眼睛。

（3）老师出示彩色图片，告诉宝宝图片上的小鸭子也是扁扁的嘴、小眼睛。通过图片与实物对照加深宝宝对小鸭子的认识和记忆。

(4) 通过藏猫猫游戏加深语言理解力。老师指导家长用小手绢盖住小鸭子，问宝宝："小鸭子哪去了?"家长或宝宝掀开手绢找到小鸭子，并引导宝宝说"小鸭""眼""嘴""嘎嘎"等简单的词语。

四、亲子互动——小鸭嘎嘎

放音乐《小小鸭子嘎嘎嘎》，家长与宝宝面对面，让宝宝的小脚踩在家长的大脚上，学鸭子摇摇摆摆向前、向后走（注意事项：家长扶宝宝腋下，动作要轻、慢）。

五、结束，放《再见歌》

1. 表扬每一位宝宝今天表现得都很棒，并给每位宝宝贴小贴画，作为奖励。

2. 发家长指导卡。

3. 鼓励宝宝挥手和老师再见。

山西省妇女儿童发展中心高级育婴师　郑瑞花

12个月宝宝亲子活动——动作技能课

一、教学目的

1. 培养宝宝在有趣的环境中挑战自己的行走能力，并逐步增加自信心。

2. 帮助宝宝建立敢于、乐于独立行走的信心与能力。

3. 培养宝宝在迈步行走的同时，努力尝试学习控制身体平衡的能力。

4. 让宝宝感受和小朋友们在一起做游戏的乐趣。

二、教具准备

宽敞而又安全的场地、呼啦圈、大龙球。

三、教学过程

1. 放《你好歌》，欢迎宝宝的到来。

2. 交往环节——自我介绍。首先是老师自我介绍，并代表中心亲子园欢迎宝宝的到来。然后让宝宝作自我介绍。

3. 向家长介绍 12 个月宝宝的生理、心理发育标志：能独走数步，继而会独立行走。

4. 动作技能——小脚来回走一走：

（1）先引导宝宝在家长的搀扶下，在地上来回行走。

（2）根据宝宝的实际发展水平，选用大龙球辅助宝宝行走（大龙球适合那些已经掌握了一定的行走技巧，即将会独立行走，但目前还走不稳的宝宝）。活动中，家长应鼓励宝宝推着大龙球慢慢行走。家长应紧跟在宝宝后面，控制好宝宝的行走速度和方向，做好保护工作，以免宝宝向前摔倒。

（3）请家长辅助宝宝做“扶圈行走”游戏（这个游戏适合有行走愿望，但还没有掌握迈步行走和平衡技巧的宝宝）。老师教给家长：让宝宝站在呼啦圈内，双手握住呼啦圈，家长双手握紧呼啦圈面对宝宝，鼓励宝宝迈步向前走。此时的呼啦圈是宝宝的“椅背”，它可以帮助宝宝控制身体的平衡，帮助宝宝完成迈步行走的训练。在这一环节中，呼啦圈起到辅助作用。

(4) 对掌握了迈步行走和平衡技巧的宝宝，家长可让宝宝站到圈外。家长与宝宝面对面，同时握住呼啦圈行走。此时的呼啦圈又成了宝宝的“拐杖”。宝宝在迈步行走的同时，会努力尝试学习控制身体的平衡。在这一环节中，呼啦圈起到推进作用。

四、亲子互动——手拉手，圆圈走

1. 老师、家长及宝宝们一起拉成圆圈。

2. 老师说儿歌：“拉个圆圈走走，拉个圆圈走走，走走走走，走走走走，看谁最先站好。拉个圆圈走走，拉个圆圈走走，走走走走，走走走走，看谁最先蹲下。拉个圆圈走走，拉个圆圈走走，走走走走，走走走走，看谁最先举起手。拉个圆圈走走，拉个圆圈走走，走走走走，走走走走，看谁最先和妈妈抱在一起。”大家、宝宝跟着一起走。(重复做多次)

五、结束，放《再见歌》

1. 表扬每一位宝宝今天表现得都非常棒，并给每一位宝宝贴小贴画，作为奖励。

2. 发家长指导卡。

3. 鼓励宝宝挥手和老师再见。

山西省妇女儿童发展中心高级育婴师　张冬花

1岁至1岁3个月宝宝亲子活动——认知能力课

一、教学目的

1. 认识一种乐器，学习如何使用这种乐器，并培养宝宝的乐感。

2. 通过插雪花插片和小鱼插片学习认识红色，锻炼手部的精细动作，提高宝宝的观察能力、认知能力、手眼协调能力，并促进大脑的发育。

3. 通过游戏活动使宝宝们充分感受到行走的乐趣，并能执行简单的要求，培养宝宝的社会交往能力。

二、教具准备

1. 音乐《你好歌》《小雨沙沙》《再见歌》。

2. 手偶玩具、小砂槌、雪花插片、小鱼插片、彩虹伞。

三、教学过程

1. 放《你好歌》，欢迎宝宝的到来。

2. 自我介绍：老师用手偶代表中心亲子园欢迎宝宝，并作自我介绍，然后引导宝宝作自我介绍（姓名、年龄）。

（家长指导重点：家长不要强迫孩子，而应适当给以鼓励）

3. 向家长介绍这个月龄段宝宝的生理、心理的部分生长发育标志。各位家长，这个月龄段宝宝正常生理、心理部分生长发育的标志是：会独走数步继而会独立行走，喜欢有节奏的音乐，开始认识红颜色。

4. 介绍砂槌："今天老师给大家带来了一种乐器，宝宝们你们看，它有一个红色的大脑袋，有个细细的身体，它的名字叫小砂槌。好，现在宝宝到老师这儿一人领一个小砂槌，和老师一起摇一摇。对，它会发出'沙沙'的声音，非常好听。现在和老师一起有节奏地摇一摇吧：一、二，一、二……宝宝们摇得都非常好。下面老师放音乐《小雨沙沙》，宝宝跟着音乐一起做。"

5. 老师和宝宝把小砂槌放在旁边。拿出雪花插片，发给每个宝宝。老师拿出红色的雪花插片，告诉宝宝这是红色的。再拿出另一种颜色的插片，告诉宝宝这不是红色的。让宝宝从自己手中的雪花插片中，找出和老师手里一样的红色雪花插片。老师再教给宝宝如何插雪花插片，让它变成美丽的小花。让宝宝自己动手做（家长可以指导），让宝宝体验到成功的喜悦（反复做2～3次）。放下雪花插片，老师再拿出红色小鱼插片，和认红色雪花插片一样，反复做2～3次。老师和家长要及时给宝宝鼓励和表扬（这样做可以提高宝宝的观察能力、认知能力、手眼协调能力，促进大脑的发育）。

四、亲子互动——彩虹伞游戏

请宝宝和家长站起来一起做个彩虹伞的游戏：

1. 老师说："宝宝、宝宝我问你，红色宝宝在哪里？"（由家长带领宝宝站到彩虹伞红色的格子里。可重复多做几次）。

2. 把宝宝放到彩虹伞的中间，妈妈站在红色格子的外面，让宝宝通过红色的格子找到妈妈（训练宝宝的听力和反应能力）。

五、课程结束，放《再见歌》

1. 表扬每一位宝宝今天表现得都很棒，并给每位宝宝贴小贴画，作为奖励。

2. 发家长指导卡。

3. 和每位宝宝挥手再见。

山西省妇女儿童发展中心高级育婴师　姜晓春

1岁3个月至1岁半宝宝亲子活动——语言发展课

一、教学目的

1. 认识一种乐器，学习如何使用这种乐器，锻炼手部的精细动作，并培养宝宝的乐感。

2. 教宝宝指认小动物，并了解小狗的叫声、喜欢的食物，增长见识。

3. 通过说唱儿歌等锻炼宝宝的语言能力。

4. 通过游戏活动使宝宝们充分感受行走的乐趣，并能执行简单的要求。

二、教具准备

1. 响板、奖励小贴画、《你好歌》、《再见歌》；

2. 小狗、骨头图片、小筐、平衡木。

三、教学过程

1. 放欢快的音乐《你好歌》，欢迎宝宝和家长们的到来。

2. 自我介绍，老师代表中心亲子园欢迎宝宝们的到来，并与宝宝互相作自我介绍（鼓励宝宝自己说）。

3. 向各位家长介绍这个月龄段的宝宝生理、心理发育的主要标志：能够行走自如，一手扶着能上下台阶；会说简单的词和自己的名字；能认识简单的图片；认识自己的用具。

4. 介绍一种乐器（响板），包括它的颜色、形状、如何使用及会发出什么声音。与宝宝们一起玩，听音乐来打节拍，培养宝宝的乐感和节奏感（要及时鼓励和表扬做得好或有进步的宝宝）。

5. 通过让宝宝看小狗图片让宝宝们认识小狗，知道小狗的叫声，以及喜欢吃的食物（骨头）。

6. 教宝宝儿歌《一只哈巴狗》，培养锻炼宝宝的语言能力，并能学习一些简单的手势（可反复教多次，以让宝宝熟练掌握）。

一只哈巴狗（伸出食指），坐在大门口（拍拍双腿），眼睛黑黝黝（两手握拳，在眼睛前转动），想吃肉骨头（两手握拳，在嘴前左右移动）。一只哈巴狗（伸出食指），吃饱肉骨头（双手抚摸肚子），尾巴摇一摇（双手放身体后面，左右摆动），向我点点头（双手叉腰，做点头动作）。

四、亲子互动

宝宝和妈妈一起做“给小狗送食物”的游戏，宝宝从老师手中拿起肉骨头，走过平衡木，送到小狗跟前的食物筐中，通过另一侧的平衡木走回来（可重复多次）。让宝宝享受行走的乐趣，培养宝宝的爱心。

五、结束，放《再见歌》

1. 表扬每一位宝宝今天表现得都很棒，并给每位宝宝贴小贴画，作为奖励。
2. 发家长指导卡。
3. 和每位宝宝挥手再见。

山西省妇女儿童发展中心高级育婴师　张　丽

1岁半至2岁宝宝亲子活动——认知能力课

一、教学目的

运用视觉、触觉、听觉、味觉等感官和记忆能力，认识日常生活中常见的三种水果，培养并提高宝宝的认识与记忆能力。

二、教具准备

三种水果实物（如苹果、香蕉、橘子）。

三、教学过程

1. 放《你好歌》，欢迎小宝宝的到来。

2. 自我介绍：老师作自我介绍，并引导宝宝作自我介绍，可以鼓励宝宝们向大家介绍自己。

“大家好！我是你们的新朋友王老师。现在，宝宝你能告诉我，你叫什么名字呀？”（宝宝分别自我介绍后）“好（向大家挥挥手），问个好吧！”

3. 向各位家长介绍，这个月龄段正常发育的宝宝认知能力发展较快，能认识人体的基本部位，认识周围的环境，记住自己的物品和用具，认识常见的几种水果。

4. 认识水果：

（1）运用视觉、听觉感官认识：出示宝宝常见、常吃的三种水果（如苹果、香蕉、橘子）。引导或教给宝宝说出各个不同水果的名称，然后注意仔细观察并说出水果的外形特征。在此基础上教师总结：苹果是圆圆的，摸起来是光滑的；苹果有红色的、黄色的、绿色的；苹果吃起来是甜甜的、脆脆的。香蕉是长的，弯弯的，黄色的；香蕉有皮，把皮剥开里面的果肉是白色的，吃起来是软软的、甜甜的。橘子是圆圆的，有绿色的有黄色的；橘子有皮，把皮剥开里面的果肉是橙色的，一瓣一瓣的，吃起来是酸酸甜甜的。

（2）运用触觉器官认识：将宝宝认识的三种水果放进一个布袋子里，让宝宝把手伸进袋子里去摸。

A：让宝宝自己去摸，摸到什么水果，就告诉妈妈它的名称和特点。

B：老师说水果的名称，看哪个宝宝摸的水果又快又对。

（3）运用记忆能力认识：老师拿一块布盖住三种水果，用布包住拿起一种水果，留下两种水果，问宝宝哪种水果不见了。

（4）运用味觉器官认识：老师当着宝宝的面，切开或剥开水果，然后分发给每个宝宝一点儿，让宝宝尝尝，并说出水果名称。

四、亲子互动——宝宝和妈妈分享水果

老师把三种水果分给每人一份，宝宝和妈妈一块品尝，让宝宝通过水果的味道说出水果的名称和特征，以巩固所学知识。

五、结束，放《再见歌》

1. 表扬每一位宝宝今天表现得都很棒，并给每位宝宝贴小贴画，作为奖励。

2. 发家长指导卡。

3. 和每位宝宝挥手再见。

山西省妇女儿童发展中心高级育婴师　王琳鋆

2岁至2岁半宝宝亲子活动——认知能力课

一、教学目的

1. 认识三角形，通过玩三角形扣环、串珠等玩具，发展宝宝的精细动作与手眼协调能力。

2. 鼓励宝宝与小伙伴一起玩耍，体验游戏中的乐趣。

二、教具准备

1. 三角铁、串珠、扣环、三角形和小山的图片。

2. 音乐《你好歌》《小星星》《再见歌》，平衡木，套环。

三、教学过程

1. 放《你好歌》，欢迎宝宝的到来。

2. 自我介绍："大家好！我是白老师，我代表中心亲子园欢迎大家的到来。宝宝们已经知道了老师的名字，但是老师还不知道宝宝们的名字呢！"（教师到宝宝跟前引导宝宝用完整的句子说出自己的名字、年龄）

3. 老师把三角铁发给每个宝宝。"今天白老师给宝宝们带来一种乐器，它的名字叫三角铁，宝宝们看一下它长的什么样子，看看你手中的是不是和老师的一样？""对，一样。宝宝们可真聪明。现在请家长协助宝宝和老师一样从头到尾地摸一下手中的三角铁。"

4. "我们手中的三角铁，它是由三条边、三个角组成的。宝宝们把你们的食指伸出来，套入三角铁的小圆圈里。用另一只手的拇指、食指、中指拿住小棍的黄色部位。用小棍轻敲一下你的三角铁，它就会发出好听的声音。请宝宝像老师这样有节奏地敲打三角铁，试试看你们能让它发出怎样的声音呢？"（玩三角铁不仅可以培养宝宝的节奏感，还可以发展宝宝手部的精细动作。让宝宝熟悉乐器 1～2 分钟，教师巡回指导）

5. "宝宝都会玩三角铁了，接下来老师给你们带来一段好听的音乐《小星星》，请宝宝和家长一起仔细观察老师是怎么随着音乐节奏敲打三角铁的。"（家长可协助宝宝进行模仿）"宝宝

们的表现可真不错，现在都可以和老师一起随着音乐打节奏了，我们再来一遍好吗？”（如有兴趣可再重复一遍）

6. 认识三角形，并学会按要求排顺序。

（1）“宝宝们的表现都很棒！我们现在来认识三角形。你们看，老师手里拿着的是什么？老师手里拿着的是三角形。三角形像小山，有三个角，有三条边，三边三角紧相连。宝宝们可以摸一摸它。”

（2）“老师拿出三角形的小串珠，宝宝们可以先看一看它是怎么玩的呢？”（引导家长与宝宝一同探索玩具的玩法。家长在这一环节当中尽量尊重宝宝的意见，不要过分强调对错。这样可以有助于宝宝自信心的培养）“现在宝宝们都对三角形比较熟悉了。老师有一个特殊的玩法，就是把小串珠串起来，现在就请宝宝看老师是怎么做的。”（教师示范）“好了，请宝宝们再按老师的方法把三角形的小串珠穿起来。”（宝宝在玩串珠的过程中可以发展手眼协调与双手合作的能力）

（3）老师拿出三角形的扣环，请宝宝们找出和老师手中一样的物品，老师做出示范并告诉宝宝与家长玩具的玩法：“我们拿出两个扣环，把它的缺口处相对轻轻一推，扣环就扣好了。”（引导家长与宝宝一同探索玩具的玩法）“现在请宝宝们想一想怎样把扣环解开呢？”“同样，我们把扣环的缺口处相对轻轻一拉，扣环的扣就解开了。宝宝们，你们看清楚了吗？”（让宝宝和家长按规则玩一玩扣环。宝宝们在玩扣环的过程中，可以锻炼手部的精细动作与扣入扣环的准确性）

四、亲子互动——走三角

宝宝和老师一起做游戏（这个游戏是由平衡木和套环拼成一个大三角形。宝宝可以从一个套环处走上平衡木，遇到套环处宝宝从平衡木跳到套环里，再由套环里跳到平衡木上，走完一圈游戏结束）老师一边示范一边念儿歌："走呀走，走呀走，围着三角形走走走，拐个弯向前走；走呀走，走呀走，围着三角形走走走，再拐个弯向前走，一直走到大门口。"宝宝与家长模仿教师动作走完一圈后，游戏结束（可根据宝宝的兴趣再玩一轮或几轮。在宝宝走的过程中，家长与老师可以给宝宝念儿歌）。

五、结束，放音乐《再见歌》

1. 表扬每一位宝宝今天表现得都很棒，并给每位宝宝贴小贴画，作为奖励。

2. 发家长指导卡。

3. 和每位宝宝挥手再见。

山西省妇女儿童发展中心高级育婴师　白彦青

2 岁半至 3 岁宝宝亲子活动——美育课

一、教学目的

1. 培养宝宝初步的交往意识，进行礼貌教育，激发宝宝的语言表达能力。

2. 通过做花让宝宝区分颜色、认识颜色。通过揉、捏、贴的活动，发展宝宝手部肌肉技能，培养认真、细致的做事品行。

3. 通过游戏训练，增强宝宝腿部力量，增进身体的平衡能力。

二、教具准备

碰钟、音乐《春天在哪里》、皱纹纸（红、黄、蓝、粉）、胶棒、作业纸、纸巾、纸杯、跳跳球。

三、教学过程

1. 放《你好歌》，欢迎宝宝的到来。

2. 自我介绍：老师作自我介绍，并引导宝宝作自我介绍（姓名、性别、年龄）。家长指导重点：家长不要强迫孩子，而应适当给予鼓励。

（请家长们坐好，宝宝们坐在家长的前面）老师讲："大家好！我是你们的新朋友张老师，我是一个女孩子。现在，宝宝你能告诉我，你叫什么名字呀？你是男孩还是女孩呀？你几岁了？你喜欢什么颜色的花？来，挥挥手向大家问个好吧。"

3. 向家长介绍 2 岁半至 3 岁这个年龄段宝宝的生理、心理发育的部分标志：（1）能够自如地走、跑、跳，双脚交替上下楼梯；（2）能回答成人问话，语句较完整，能叫出小伙伴姓名；（3）会儿歌 4～5 首；（4）能区分颜色。

4. "现在，开始我们今天的'春之旅'吧，让我们来认识一下春天。"

（1）先介绍乐器碰钟："两个小钟碰在一起会发出很好听的声音。"

（2）请宝宝和老师一起有节奏地碰："一、二，一、二……很好，大家做得都非常棒。"

（3）和着乐曲《春天在哪里》一起碰。

5. 美育活动：

（1）"刚才，大家听到的乐曲是《春天在哪里》。你们看，春天到了，公园里的花都开了，多美啊！现在请大家跟我一起说儿歌：公园里，花儿开。红花开，黄花开，蓝花开，粉色的花儿也开了。花儿好看我不摘，大家都说我真乖（老师多说几遍）。”“谁能告诉老师，花是什么颜色的?”（婴儿回答后，老师说）“对，很好。花有红色的、黄色的、蓝色的、粉色的，都非常的好看。花的叶子是什么颜色的呢?”（答：绿色）“对，花的叶子是绿色的。”

（2）“刚才我们大家知道了花儿有红色的、黄色的、蓝色的、还有粉色的，各种各样的花儿都很好看。那么，今天张老师来教宝宝们做小花好吗?”（老师边讲边示范）老师先用手把皱纹纸揉成小圆球，说：“我用小手，我揉、揉、揉。”再用拇指、食指把小圆球捏紧。说：“我用小手，我捏、捏、捏。”这样就变成了一朵漂亮的小花了（依次做 4 种不同颜色的花朵）。现在，我们分别给花朵抹上胶，老师边涂边说：涂，涂，涂糨糊，涂得不多也不少；涂，涂，涂糨糊，涂得糨糊匀又匀。涂好了就把花朵贴在画好花的纸上。瞧！多么漂亮的一束小花呀！

（3）“接下来，我们就请每个小宝宝都自己动手做小花，好吗?”（老师给每一位宝宝发一份操作材料，由宝宝操作，家长指导。注意提醒宝宝用正确的方法，即先用手把皱纹纸揉成小圆球，再用拇指、食指把小圆球捏紧。宝宝搓了好多花朵，家长可帮助宝宝把做好的花朵贴在画好花的纸上）

（4）教师一一评价后，表扬每一位宝宝表现得都非常棒！

四、亲子互动——把漂亮的花送给家长

“今天，宝宝们一起做了这么多漂亮的花，我们把这些花送给家长吧！”（老师把每位宝宝做好的花放在 3 米外，让宝宝骑上跳跳球去取花，放下跳跳球，拿上自己做的花送给家长）

五、结束，放音乐《再见歌》

1. 表扬每一位宝宝今天表现得都很棒，并给每位宝宝贴小贴画，作为奖励。

2. 发家长指导卡。

3. 和每位宝宝挥手再见。

山西省妇女儿童发展中心高级育婴师　张冬花

附录二　亲子教育案例

随着社会和科学的发展，人们越来越认识到早期教育的重要性。让每一个孩子都接受良好的早期教育，为他们一生的发展奠定坚实的基础，现在已成了全社会的一种共识。

亲子教育是一种由老师、家长和孩子三者互动参与的新型教育模式，其服务对象主要是0～3岁的婴儿及其家长。父母和孩子一起上亲子课，一起完成有益于孩子能力提升的各类练习，在愉快的氛围中锻炼孩子的各种能力。同时家长也在上课的过程中掌握更多正确引导孩子的教育方法及具体措施。家长和孩子一起学习，一起成长。

亲子中心是一种专业的婴儿早期智能训练机构。要根据婴儿的生长发育规律，针对每个孩子不同的特点，为孩子量身订制与其相适应的教学内容与方法，通过多元化教学内容，以活泼有趣的方式，开展丰富多彩的亲子互动游戏，因材施教，促进婴儿身体、智力、情感、交往和独立性全面均衡发展，并且指导家长提高育儿理念、学习育儿方法。山西省妇女儿童发展中心亲子园在近年来的实践中，发现并总结了不少典型案例。

(一)

甜甜小姑娘在家的时候很活泼、好动、多话，可是一出家门就不爱说话，胆子也变小了。为此，在亲子课上，老师鼓励她与小朋友一起做游戏，多多展示自己。一发现她的闪光点，老师就及时表扬称赞，让甜甜对自己充满信心。经过几周的课程，现在的甜甜看到老师会主动打招呼，见到小朋友能马上融入其中，在语言方面也提高了很多。

（二）

佳佳小朋友是家中唯一的小孩子，他既聪明伶俐，也懂礼貌。爷爷奶奶、姥姥姥爷还有爸爸妈妈对他都是呵护备至。第一次上亲子课时，佳佳就能礼貌地问候老师，老师感觉这个孩子十分聪明可爱。但是在课程进行过程中，班里的小朋友需要互相交换教具的时候，原本懂礼貌的佳佳却不仅不愿意把手里的教具交给旁边的小朋友，还试图抢别的小朋友的玩具。针对佳佳的情况，以后每次上课时，老师会有意识地加强教育，帮他树立与小朋友一起玩耍、一起分享的意识。在亲子课的氛围里，在家长的正确引导下，他逐渐与班里的孩子共同游戏，共同分享自己的玩具。现在他已会和新交的小朋友手拉手，一起吃水果，还会把家里的玩具带给自己的好朋友，连家长之间都成了很要好的朋友。

（三）

婷婷小朋友是个害羞内向的孩子，刚开始上亲子课时她一句话也不说，老师做什么她也不跟着一起做。但随着老师对她的认识逐渐加深并有意识地亲近她、鼓励她，婷婷渐渐和老师熟悉了。在每次课程中，老师和家长都给予她支持与鼓励。现在婷婷成了班里的小明星，每次自我介绍都积极踊跃，声音洪亮，吐字清楚，还会准备儿歌等节目为大家表演，赢得了其他家长和孩子的喜爱。同时，在课程中她也能主动配合老师完成各个环节的活动，自主、自理能力都得到了很大程度的提升。婷婷的姥姥用心体会每一个环节的作用，在老师的提示下给婷婷更多相应的练习机会，不仅如此，姥姥还经常与老师沟通，根据婷婷的情况有针对性地进行正确的教育。

(四)

蓓蓓是个文静的小姑娘。爸爸、妈妈工作忙，就把抚养教育她的事儿托付给了姥姥。

姥姥年岁大了，又是个沉默寡言的人，平时一整天和蓓蓓也说不上几句话。结果，蓓蓓只喜欢单独玩儿，快一岁半了，还不会喊“爸爸”“妈妈”。

上亲子园后，老师针对蓓蓓的情况，为她量身订制了具体教学计划。不仅有意多和她交谈，还把爱说好动的小朋友介绍给她，让她记住小朋友的名字，试着说出来，并让她和其他小朋友一起听儿歌，听其他小朋友唱歌、说歌谣，鼓励她模仿正确的发音，也跟着说一些简单的词语和物品名称。与此同时还告诉姥姥要和蓓蓓加强语言交流，多给蓓蓓练习说话的机会。结果没几天，蓓蓓便由牙牙学语，进步到能清楚地叫“爸爸”“妈妈”，还能说一些简单词语了。

姥姥高兴地逢人便说：“以前我看孩子，把孩子看成了哑巴。上了亲子园，孩子很快就会说话了。”

(五)

聪聪是个聪明伶俐的小男孩，一岁半就能倒着走，扶着栏杆能上下楼梯，会掷球，会拣豆豆，还会自己擦鼻涕，会用小勺吃饭。爸妈看着就高兴。可就是有一样，聪聪过于好动，干什么都只有“三分钟热度”，专不下心来，有意注意的时间很短。

上亲子园了，老师知道这些情况后，就专门拿色彩艳丽的画册给聪聪看，以引起他的有意注意。在做一些专一动作（如排队买东西）的游戏时，有意让他排得靠后些，以适当延长一点时间，让聪聪多待一会儿。即便吃饭，也“严格”要求，特意叮嘱聪聪要安静地坐在桌边吃完自己的一份饭，不妨碍别人吃，一定要咽下最后一口饭再离开饭桌。家长依照老师的方法，经过一段时间的引导，好动的聪聪一下“安静”了许多，有意注意的时间明显延长了。

良好的习惯在于培养，培养孩子的良好习惯是有许多方法和技巧的。

(六)

强强小朋友的个性很强，才两岁就喜欢按自己的想法摆玩具，不喜欢大人干涉，任性，难管，爱吵闹，凡事不合自己的意愿，就以反抗的形式表现出来。有时他将手或玩具放在嘴里，爸爸妈妈越是让他拿出来，他越是要放在嘴里。爸爸妈妈生气时，打下他的手，他便会放声大哭，谁也哄不住。

上亲子园后，老师对强强的表现并未按照大人的意愿采取简单的办法强迫纠正，而是根据幼儿的生理、心理特征，采取迂回的办法解决。例如当强强把手或玩具放在嘴里时，老师就运用注意力转移法，亲切地对强强说：“让我看看宝宝的手和妈妈的手谁的大?”“把你心爱的布娃娃拿过来，咱们和小布娃娃一块做个游戏吧!”等。这样，强强的小手自然就从嘴里拿出来了。爸爸妈妈看了，觉着这个办法好，也注意学着用，强强一有进步时就及时表扬。没过多久，强强不仅不把手往嘴里放了，性格也变得柔和了许多，不再难管了。

亲子园老师的做法，不仅教育了孩子，也给家长做了示范，使家长学会了教育孩子的科学方法。

(七)

旺旺是个精力旺盛的小男孩，两岁半了，玩起玩具来，拿起这个，放下那个，一玩就是老半天。可就是有一样，旺旺的“忘心”大，每次玩完玩具扔下就不管了，从来也不懂得自己把它收拾起来。爸爸妈妈说过多少回了也不起作用。

在亲子园里，老师发现旺旺很富有同情心，经常能帮助别的小朋友，和小朋友们一起玩角色游戏和装扮游戏时，责任心也很强。于是，再发现旺旺不收拾玩具时，老师就启发他进入“角色”，告诉他：“小熊回不了家啦，小白兔找不着妈妈了。旺旺是大男子汉，你能不能帮帮它们啊?”旺旺的自尊心、同情心得到了启发，很快就把玩具收拾起来了。这时，老师又告诉旺旺：“小熊和小白兔对旺旺说谢谢了。旺旺以后还愿意帮助它们吗?”爸爸妈妈学老师的方法教旺旺，旺旺也很乐意听爸爸妈妈的话。

就这样，过了一段时间，旺旺玩完玩具后没有大人提醒，也能自己主动收拾整齐了。

（八）

靓靓的爸爸、妈妈都不胖，可她却是个小胖墩儿，还不到三岁，就已长了一身赘肉。究其原因是家人对她过于溺爱了，生怕吃不好、长不大，变着法儿给她吃高营养食物，脂肪吸入太多，肥肉就堆积起来了。靓靓本来性格就文静，过胖的身体又影响了她的活动，成天小地主似的坐在那儿，“福相”倒是有，就是不那么靓丽了。

在亲子园里，老师与家长一道分析了靓靓发胖的原因，又与平时照管她的奶奶、姥姥共同商讨了针对性的解决办法，一方面调整了饮食结构，并注意教育孩子不偏食、不挑食，均衡饮食，适当减少了脂肪摄入量；另一方面，又让靓靓在亲子园里多和小朋友们一起玩，适当增加了运动量。过了一段时间，“奇迹”出现了，靓靓的身体长高了，肌肉结实了，赘肉也减少了。匀称的身材再配上她那圆圆的小脸、水汪汪的大眼，谁见了都说靓靓就是靓。

对待孩子不仅要懂得亲，还要会亲才行。

（九）

文文是个腼腆漂亮的小姑娘，一双大眼睛、两个小酒窝，谁见了谁喜欢。可这是在平时，要是有人不小心“惹”下了她，那就麻烦了，文文一下就会变成一个“爱哭包”，谁也哄不住。哭得让人心烦了，妈妈偶尔推搡她一下，奶奶、姥姥就会出头叨叨个没完，而这时文文的哭劲也就更大了。为此，一家人常常闹得很不开心。

但这说的是以前，自从上了亲子园，文文的情况就变了。首先是亲子园里有那么多小朋友，大家一起做游戏，玩得挺痛快。文文不孤单了，心里高兴，当然就不爱哭了。偶尔有什么不愉快的事，老师老早就注意到了她的表情，总是及时告诉她：“文文是个大娃娃了，有什么要求说出来，老师帮助你。连小弟弟、小妹妹都不哭，文文更不会哭的。”万一“打预防针”没起作用，老师事先就与陪她的妈妈或奶奶、姥姥约定好，让大人默默地走开一会儿，故意“冷落”她一下。文文看到“哭”这一招不管用，哼叽上几声也就止住了。这时，老师再及时表扬一下，文文很快就会和小朋友一块又玩起来。

不仅如此，通过在亲子园的学习训练，文文增强了独立生活能力与自制力，开始懂得约束自己，也就变得不黏人了。与此同时，文文还学会了普通话，能用简单的句子表达自己的愿望和回答大人的问题，还能回家讲在亲子园里听过的故事，说儿歌，唱学过的歌曲和随着音乐节奏做一些简单的模仿动作及舞蹈动作。“爱哭包”变成了“小笑星”，全家的气氛也因为文文变得其乐融融了。

（十）

壮壮整三岁，要上幼儿园了。但在入园前一天，爸爸妈妈和爷爷奶奶，姥姥、姥爷却又领着壮壮来到了亲子园。这是怎么回事呢?

原来壮壮是这个家庭一对独生子女的独生子，且不说爸爸妈妈了，就是爷爷奶奶、姥姥姥爷对他也爱得不行。妈妈怀他时，一家人怕有闪失，什么活也不让干，变着法儿补食，谁知事与愿违，不知怎么着却弄了个早产。壮壮不足月，一生下来就比足月孩子弱。两家人围着他们母子转，特别对壮壮，真是抱在怀里怕跌了，含在嘴里怕化了。断奶后，妈妈上班了，几位老人轮番照料壮壮，三餐两点，应时按候，谁知不是吃伤了，就是量不足；为防止感冒，快两岁时仍不敢外出晒太阳，就是家里的门窗也常关着，生怕“贼风”进来吹着了壮壮。谁知这样做的结果，反而使壮壮经常不是胃肠不适，就是伤风感冒，三天两头就得到医院看医生，一副弱不禁风的样子。

上亲子园后，老师针对壮壮的具体情况，特地为他制订了周密的教学计划，饮食科学了，活动科学了，再加上一整套适度合理的生理、心理发育的教养内容，使他在短短一年时间里不仅名符其实地成了一个壮壮实实的“棒小伙子”，能自如地走、跑、跳，还学会了前滚翻；一些简便的衣服、鞋子，自己也会穿了，还能主动收拾自己的玩具和物品；而且还学会了四五首儿歌，能用较完整的语句回答大人的问话，知道了常见物品的用途和 5 以内数字的顺序，有时候小朋友跌倒了，他还能主动帮助扶起来，能做到团结友爱并富有同情心。爸爸、妈妈、爷爷、奶奶、姥姥、姥爷非常高兴，逢人就夸亲子园好。所以，他们一大家子是在壮壮上幼儿园前，到亲子园向老师道谢来了。

诸如此类的事例数不胜数。亲子中心的孩子们经过一段较长时间的学习后，不仅智商有所提高，情商方面也随之提高不少。集体环境和氛围，促进了孩子的交往，增强了孩子的独立性。通过各种亲子活动，可以促进孩子认识自我、表达自我，并培养了孩子的生活自理能力，让孩子在玩耍中学会控制自己的情绪，约束自己的行为。同时培养了孩子的形象思维能力和逻辑思维能力，以及集体生活适应能力，使得孩子增强了集体意识，锻炼了他们与人交流合作的能力，使孩子在和老师、家长的互动中快乐健康地成长。

附录三　常见食物的一般营养成分表

食物名称	水分	能量		蛋白质（蛋白质食品）	脂肪	碳水化合物	膳食纤维	胆固醇	维生素A	硫胺素	核黄素	尼克酸	抗坏血酸	维生素E	钙	铁	锌
	（克）	（千卡）	（千焦）	（克）	（克）	（克）	（克）	（毫克）	（毫克）	（毫克）	（毫克）	（毫克）	（毫克）	（毫克）	（毫克）	（毫克）	（毫克）
谷类品及其制品																	
小麦粉（标准粉）	12.7	344	1 439	11.2	1.5	73.6	2.1	—	—	0.28	0.08	2	—	1.8	31	3.5	1.64
挂面（标准粉）	12.4	344	1 439	10.1	0.7	76	1.6	—	—	0.19	0.04	2.5	—	1.11	14	3.5	1.22
面条（标准粉，切面）	29.7	280	1 172	8.5	1.6	59.5	1.5	—	—	0.35	0.1	3.1	—	0.47	13	2.6	1.07

续表

食物名称	水分	能量		蛋白质（蛋白质食品）	脂肪	碳水化合物	膳食纤维	胆固醇	维生素A	硫胺素	核黄素	尼克酸	抗坏血酸	维生素E	钙	铁	锌
	（克）	（千卡）	（千焦）	（克）	（克）	（克）	（克）	（毫克）	（毫克）	（毫克）	（毫克）	（毫克）	（毫克）	（毫克）	（毫克）	（毫克）	（毫克）
花卷	45.7	211	883	6.4	1	45.6	1.5	—	—	Tr	0.02	1.1	—	—	19	0.4	……
馒头（标准粉）	40.5	233	975	7.8	1	49.8	1.5	—	—	0.05	0.07	—	—	0.86	18	1.9	1.01
油条	21.8	386	1 615	6.9	17.6	51	0.9	—	—	0.01	0.07	0.7	—	3.19	6	1	0.75
稻米	13.3	346	1 448	7.4	0.8	77.9	0.7	—	—	0.11	0.05	1.9	—	0.46	13	2.3	1.7
糯米	12.6	348	1 456	7.3	1	78.3	0.8	—	—	0.11	0.04	2.3	—	1.29	26	1.4	1.54
米饭	70.9	116	485	2.6	0.3	25.9	0.3	—	—	0.02	0.03	1.9	—	—	7	1.3	0.92
玉米（鲜）	71.3	106	444	4	1.2	22.8	2.9	—	—	0.16	0.11	1.8	16	0.46	—	1.1	0.9
小米	11.6	358	1 498	9	3.1	75.1	1.6	—	17	0.33	0.1	1.5	—	3.63	41	5.1	1.87
高粱	10.3	351	1 469	10.4	3.1	74.7	4.3	—	—	0.29	0.1	1.6	—	1.88	22	6.3	1.64
薯类、淀粉类																	
土豆	79.8	76	318	2	0.2	17.2	0.7	—	5	0.08	0.04	1.1	27	0.34	8	0.8	0.37

续表

食物名称	水分	能量		蛋白质（蛋白质食品）	脂肪	碳水化合物	膳食纤维	胆固醇	维生素A	硫胺素	核黄素	尼克酸	抗坏血酸	维生素E	钙	铁	锌
	（克）	（千卡）	（千焦）	（克）	（克）	（克）	（克）	（毫克）	（毫克）	（毫克）	（毫克）	（毫克）	（毫克）	（毫克）	（毫克）	（毫克）	（毫克）
红薯	73.4	99	414	1.1	0.2	24.2	1.6	—	125	0.04	0.04	0.6	26	0.28	23	0.5	0.15
藕粉	6.4	372	1 556	0.2	……	93	0.1	—	—	…	0.01	0.4	—	—	8	17.9	0.15
粉丝	15	335	1 402	0.8	0.2	83.7	1.1	—	—	0.03	0.02	0.4	—	—	31	6.4	0.27
粉条	14.3	337	1 410	0.5	0.1	84.2	0.6	—	—	0.01	…	0.1	—	—	35	5.2	0.83
豆类及其制品																	
黄豆	10.2	359	1 502	35	16	34.2	15.5	—	37	0.41	0.2	2.1	—	18.9	191	8.2	3.34
豆腐	82.8	81	339	8.1	3.7	4.2	0.4	—	—	0.04	0.03	0.2	—	2.71	164	1.9	1.11
豆腐脑	96.7	15	63	1.9	0.8	0	—	—	—	0.04	0.02	0.4	—	10.46	18	0.9	0.49
豆浆	96.4	14	59	1.8	0.7	1.1	1.1	—	15	0.02	0.02	0.1	—	0.8	10	0.5	0.24
豆奶	94	30	126	2.4	1.5	1.8	…	5	—	0.02	0.06	0.3	—	4.5	23	0.6	0.24
腐竹	7.9	459	1 920	44.6	21.7	22.3	1	—	—	0.13	0.07	0.8	—	27.84	77	16.5	3.69
千张	52	260	1 088	24.5	16	5.5	1	—	5	0.04	0.05	0.2	—	23.38	313	6.4	2.52
豆腐干	65.2	140	586	16.2	3.6	11.5	0.8	—	—	0.03	0.07	0.3	—	—	308	4.9	1.76

续表

食物名称	水分	能量		蛋白质（蛋白质食品）	脂肪	碳水化合物	膳食纤维	胆固醇	维生素A	硫胺素	核黄素	尼克酸	抗坏血酸	维生素E	钙	铁	锌
	（克）	（千卡）	（千焦）	（克）	（克）	（克）	（克）	（毫克）	（毫克）	（毫克）	（毫克）	（毫克）	（毫克）	（毫克）	（毫克）	（毫克）	（毫克）
绿豆	12.3	316	1 322	21.6	0.8	62	6.4	—	22	0.25	0.11	2	—	10.95	81	6.5	2.18
红豆	12.6	309	1 293	20.2	0.6	63.4	7.7	—	13	0.16	0.11	2	—	14.5	74	7.4	2.2
蚕豆	13.2	335	1 402	21.6	1	61.5	1.7	—	—	0.09	0.13	1.9	2	1.6	31	8.2	3.42
扁豆	9.9	326	1 364	25.3	0.4	61.9	6.5	—	5	0.26	0.45	2.6	—	1.86	137	19.2	1.9
豌豆	10.4	313	1 310	20.3	1.1	65.8	10.4	—	42	0.49	0.14	2.4	—	8.47	97	4.9	2.35
豇豆	10.9	322	1 347	19.3	1.2	65.6	7.1	—	10	0.16	0.08	1.9	—	8.61	40	7.1	3.04
蔬菜类及其制品																	
根菜类																	
白萝卜	93.4	21	88	0.9	0.1	5	1	—	3	0.02	0.03	0.3	21	0.92	36	0.5	0.3
红萝卜	93.8	20	84	1	0.1	4.6	0.8	—	Tr	0.05	0.02	0.1	3	1.2	11	2.8	0.69
胡萝卜	89.2	37	155	1	0.2	8.8	1.1	—	688	0.04	0.03	0.6	13	0.41	32	1	0.23
芥菜头（大头菜）	89.6	33	138	1.9	0.2	7.4	1.4	—	—	0.06	0.02	0.6	34	0.2	65	0.8	0.39

续表

食物名称	水分	能量		蛋白质（蛋白质食品）	脂肪	碳水化合物	膳食纤维	胆固醇	维生素A	硫胺素	核黄素	尼克酸	抗坏血酸	维生素E	钙	铁	锌
	（克）	（千卡）	（千焦）	（克）	（克）	（克）	（克）	（毫克）	（毫克）	（毫克）	（毫克）	（毫克）	（毫克）	（毫克）	（毫克）	（毫克）	（毫克）
菜豆类																	
荷兰豆	91.9	27	113	2.5	0.3	4.9	1.4	—	80	0.09	0.04	0.7	16	0.3	51	0.9	0.5
毛豆（青豆）	69.6	123	515	13.1	5	10.5	4	—	22	0.15	0.07	1.4	27	2.44	135	3.5	1.73
四季豆（菜豆）	91.3	28	117	2	0.4	5.7	1.5	—	35	0.04	0.07	0.4	6	1.24	42	1.5	0.23
黄豆芽	88.8	44	184	4.5	1.6	4.5	1.5	—	5	0.04	0.07	0.6	8	0.8	21	0.9	0.54
绿豆芽	94.6	18	75	2.1	0.1	2.9	0.8	—	3	0.05	0.06	0.5	6	0.19	9	0.6	0.35
豌豆苗	89.6	34	142	4	0.8	4.6	1.9	—	445	0.05	0.11	1.1	67	2.46	40	4.2	0.77
茄果、瓜菜类																	
茄子	93.4	21	88	1.1	0.2	4.9	1.3	—	8	0.02	0.04	0.6	5	1.13	24	0.5	0.23
番茄	94.4	19	79	0.9	0.2	4	0.5	—	92	0.03	0.03	0.6	19	0.57	10	0.4	0.13
辣椒（青）	91.9	23	96	1.4	0.3	5.8	2.1	—	57	0.03	0.04	0.5	62	0.88	15	0.7	0.22

续表

食物名称	水分	能量		蛋白质（蛋白质食品）	脂肪	碳水化合物	膳食纤维	胆固醇	维生素A	硫胺素	核黄素	尼克酸	抗坏血酸	维生素E	钙	铁	锌
	（克）	（千卡）	（千焦）	（克）	（克）	（克）	（克）	（毫克）	（毫克）	（毫克）	（毫克）	（毫克）	（毫克）	（毫克）	（毫克）	（毫克）	（毫克）
冬瓜	96.6	11	46	0.4	0.2	2.6	0.7	—	13	0.01	0.01	0.3	18	0.08	19	0.2	0.07
黄瓜	95.8	15	63	0.8	0.2	2.9	0.5	—	15	0.02	0.03	0.2	9	0.49	24	0.5	0.18
苦瓜	93.4	19	79	1	0.1	4.9	1.4	—	17	0.03	0.03	0.4	56	0.85	14	0.7	0.36
南瓜	93.5	22	92	0.7	0.1	5.3	0.8	—	148	0.03	0.04	0.4	8	0.36	16	0.4	0.14
丝瓜	94.3	20	84	1	0.2	4.2	0.6	—	15	0.02	0.04	0.4	5	0.22	14	0.4	0.21
西葫芦	94.9	18	75	0.8	0.2	3.8	0.6	—	5	0.01	0.03	0.2	6	0.34	15	0.3	0.12
葱蒜类																	
大蒜	66.6	126	527	4.5	0.2	27.6	1.1	—	5	0.04	0.06	0.6	7	1.07	39	1.2	0.88
蒜苗	88.9	37	155	2.1	0.4	8	1.8	—	47	0.11	0.08	0.5	35	0.81	29	1.4	0.46
蒜薹	81.8	61	225	2	0.1	15.4	2.5	—	80	0.04	0.07	0.2	1	1.04	19	4.2	1.04
大葱	91	30	126	1.7	0.3	6.5	1.3	—	10	0.03	0.05	0.5	17	0.3	29	0.7	0.4
洋葱	89.2	39	163	1.1	0.2	9	0.9	—	3	0.03	0.03	0.3	8	0.14	24	0.6	0.23

续表

食物名称	水分	能量		蛋白质（蛋白质食品）	脂肪	碳水化合物	膳食纤维	胆固醇	维生素A	硫胺素	核黄素	尼克酸	抗坏血酸	维生素E	钙	铁	锌
	（克）	（千卡）	（千焦）	（克）	（克）	（克）	（克）	（毫克）	（毫克）	（毫克）	（毫克）	（毫克）	（毫克）	（毫克）	（毫克）	（毫克）	（毫克）
韭菜	91.8	26	109	2.4	0.4	4.6	1.4	—	235	0.02	0.09	0.8	24	0.96	42	1.6	0.43
嫩茎、叶、花菜类																	
大白菜	94.6	17	71	1.5	0.1	3.2	0.8	—	20	0.04	0.05	0.6	31	0.76	50	0.7	0.38
小白菜	94.5	15	63	1.5	0.3	2.7	1.1	—	280	0.02	0.09	0.7	28	0.7	90	1.9	0.51
油菜	92.9	23	96	1.8	0.5	3.8	1.1	—	103	0.04	0.11	0.7	36	0.88	108	1.2	0.33
菜薹	92.4	20	84	3.2	0.4	3	2	—	90	0.08	0.07	0.8	65	0.89	156	2.8	0.72
菜花	92.4	24	100	2.1	0.2	4.6	1.2	—	5	0.03	0.08	0.6	61	0.43	23	1.1	0.38
甘蓝（卷心菜）	93.2	22	92	1.5	0.2	4.6	1	—	12	0.03	0.03	0.4	40	0.5	49	0.6	0.25
西兰花	90.3	33	138	4.1	0.6	4.3	1.6	—	1 202	0.09	0.13	0.9	51	0.91	67	1	0.78
菠菜	91.2	24	100	2.6	0.3	4.5	1.7	—	487	0.04	0.11	0.6	32	1.74	66	2.9	0.85
芹菜	94.2	14	59	0.8	0.1	3.9	1.4	—	10	0.01	0.08	0.4	12	2.21	48	0.8	0.46
生菜	95.7	15	63	1.4	0.4	2.1	0.6	—	60	Tr	0.1	0.2	20	—	70	1.2	0.43

续表

食物名称	水分	能量		蛋白质（蛋白质食品）	脂肪	碳水化合物	膳食纤维	胆固醇	维生素A	硫胺素	核黄素	尼克酸	抗坏血酸	维生素E	钙	铁	锌
	（克）	（千卡）	（千焦）	（克）	（克）	（克）	（克）	（毫克）	（毫克）	（毫克）	（毫克）	（毫克）	（毫克）	（毫克）	（毫克）	（毫克）	（毫克）
香菜	90.5	31	130	1.8	0.4	6.2	1.2	—	193	0.04	0.14	2.2	48	0.8	101	2.9	0.45
莴苣	95.5	14	59	1	0.1	2.8	0.6	—	25	0.02	0.02	0.5	4	0.19	23	0.9	0.33
空心菜	92.9	20	84	2.2	0.3	3.6	1.4	—	253	0.03	0.08	0.8	25	1.09	99	2.3	0.39
竹笋	92.8	19	79	2.6	0.2	3.6	1.8	—	—	0.08	0.08	0.6	5	0.05	9	0.5	0.33
黄花菜	40.3	199	833	19.4	1.4	34.9	7.7	—	307	0.05	0.21	3.1	10	4.92	301	8.1	3.99
水生蔬菜类																	
菱角	73	98	410	4.5	0.1	21.4	1.7	—	2	0.19	0.06	1.5	13	—	7	0.6	0.62
藕	80.5	70	293	1.9	0.2	16.4	1.2	—	3	0.09	0.03	0.3	44	0.73	39	1.4	0.23
菌藻类																	
菌类																	
金针菇	90.2	26	109	2.4	0.4	6	2.7	—	5	0.15	0.19	4.1	2	1.14	—	1.4	0.39
蘑菇（鲜蘑）	92.4	20	84	2.7	0.1	4.1	2.1	—	2	0.08	0.35	4	2	0.56	6	1.2	0.92

续表

食物名称	水分	能量		蛋白质（蛋白质食品）	脂肪	碳水化合物	膳食纤维	胆固醇	维生素A	硫胺素	核黄素	尼克酸	抗坏血酸	维生素E	钙	铁	锌
	（克）	（千卡）	（千焦）	（克）	（克）	（克）	（克）	（毫克）	（毫克）	（毫克）	（毫克）	（毫克）	（毫克）	（毫克）	（毫克）	（毫克）	（毫克）
木耳（水发）	91.8	21	88	1.5	0.2	6	2.6	—	3	0.01	0.05	0.2	1	7.51	34	5.5	0.53
平菇	92.5	20	84	1.9	0.3	4.6	2.3	—	10	0.06	0.16	3.1	4	0.79	5	1	0.61
香菇	91.7	19	79	2.2	0.3	5.2	3.3	—	—	Tr	0.08	2	1	—	2	0.3	0.66
银耳(干)	14.6	200	837	10	1.4	67.3	30.4	—	8	0.05	0.25	5.3	—	1.26	36	4.1	3.03
藻类																	
海带	94.4	12	50	1.2	0.1	2.1	0.5	—	—	0.02	0.15	1.3	…	1.85	46	0.9	0.16
紫菜(干)	12.7	207	866	26.7	1.1	44.1	21.6	—	228	0.27	1.02	7.3	2	1.82	264	54.9	2.47
水果类及其制品																	
苹果	85.9	52	218	0.2	0.2	13.5	1.2	—	3	0.06	0.02	0.2	4	2.12	4	0.6	0.19
梨	85.8	44	184	0.4	0.2	13.3	3.1	—	6	0.03	0.06	0.3	6	1.34	9	0.5	0.46
山里红（山楂）	73	95	397	0.5	0.6	25.1	3.1	—	17	0.02	0.02	0.4	53	7.32	52	0.9	0.28

续表

食物名称	水分	能量		蛋白质（蛋白质食品）	脂肪	碳水化合物	膳食纤维	胆固醇	维生素A	硫胺素	核黄素	尼克酸	抗坏血酸	维生素E	钙	铁	锌
	（克）	（千卡）	（千焦）	（克）	（克）	（克）	（克）	（毫克）	（毫克）	（毫克）	（毫克）	（毫克）	（毫克）	（毫克）	（毫克）	（毫克）	（毫克）
海棠果	79.9	73	305	0.3	0.2	19.2	1.8	—	118	0.05	0.03	0.2	20	0.25	15	0.4	0.04
桃	86.4	48	201	0.9	0.1	12.2	1.3	—	3	0.01	0.03	0.7	7	1.54	6	0.8	0.34
李子	90	36	151	0.7	0.2	8.7	0.9	—	25	0.03	0.02	0.4	5	0.74	8	0.6	0.14
杏	89.4	36	151	0.9	0.1	9.1	1.3	—	75	0.02	0.03	0.6	4	0.95	14	0.6	0.2
枣（鲜）	67.4	122	510	1.1	0.3	30.5	1.9	—	40	0.06	0.09	0.9	243	0.78	22	1.2	1.52
樱桃	88	46	192	1.1	0.2	10.2	0.3	—	35	0.02	0.02	0.6	10	2.22	11	0.4	0.23
葡萄	88.7	43	180	0.5	0.2	10.3	0.4	—	8	0.04	0.02	0.2	25	0.7	5	0.4	0.18
石榴	79.1	63	264	1.4	0.2	18.7	4.8	—	—	0.05	0.03	—	9	4.91	9	0.3	0.19
柿	80.6	71	297	0.4	0.1	18.5	1.4	—	20	0.02	0.02	0.3	30	1.12	9	0.2	0.08
猕猴桃	83.4	56	234	0.8	0.6	14.5	2.6	—	22	0.05	0.02	0.3	62	2.43	27	1.2	0.57
草莓	91.3	30	126	1	0.2	7.1	1.1	—	5	0.02	0.03	0.3	47	0.71	18	1.8	0.14
橙	87.4	47	197	0.8	0.2	11.1	0.6	—	27	0.05	0.04	0.3	33	0.56	20	0.4	0.14
柑橘	86.9	51	213	0.7	0.2	11.9	0.4	—	148	0.08	0.04	0.4	28	0.92	35	0.2	0.08

续表

食物名称	水分	能量		蛋白质（蛋白质食品）	脂肪	碳水化合物	膳食纤维	胆固醇	维生素A	硫胺素	核黄素	尼克酸	抗坏血酸	维生素E	钙	铁	锌
	（克）	（千卡）	（千焦）	（克）	（克）	（克）	（克）	（毫克）	（毫克）	（毫克）	（毫克）	（毫克）	（毫克）	（毫克）	（毫克）	（毫克）	（毫克）
柚	89	41	172	0.8	0.2	9.5	0.4	—	2	—	0.03	0.3	23	—	4	0.3	0.4
柠檬	91	35	146	1.1	1.2	6.2	1.3	—	…	0.05	0.02	0.6	22	1.14	101	0.8	0.65
香蕉	75.8	91	381	1.4	0.2	22	1.2	—	10	0.02	0.04	0.7	8	0.24	7	0.4	0.18
菠萝	88.4	41	172	0.5	0.1	10.8	1.3	—	3	0.04	0.02	0.2	18	—	12	0.6	0.14
桂圆	81.4	71	297	1.2	0.1	16.6	0.4	—	3	0.01	0.14	1.3	43	—	6	0.2	0.4
荔枝	81.9	70	293	0.9	0.2	16.6	0.5	—	2	0.1	0.04	1.1	41	—	2	0.4	0.17
芒果	90.6	32	134	0.6	0.2	8.3	1.3	—	150	0.01	0.04	0.3	23	1.21	Tr	0.2	0.09
白金瓜	93	24	100	0.4	Tr	6.2	0.5	—	17	0.05	0.08	0.7	17	—	12	0.4	0.26
哈密瓜	91	34	142	0.5	0.1	7.9	0.2	—	153	…	0.01	…	12	—	4	…	0.13
西瓜	93.3	25	105	0.6	0.1	5.8	0.3	—	75	0.02	0.03	0.2	6	0.1	8	0.3	0.1
甜瓜（香瓜）	92.9	26	109	0.4	0.1	6.2	0.4	—	5	0.02	0.03	0.3	15	0.47	14	0.7	0.09

续表

食物名称	水分	能量		蛋白质（蛋白质食品）	脂肪	碳水化合物	膳食纤维	胆固醇	维生素A	硫胺素	核黄素	尼克酸	抗坏血酸	维生素E	钙	铁	锌
	（克）	（千卡）	（千焦）	（克）	（克）	（克）	（克）	（毫克）	（毫克）	（毫克）	（毫克）	（毫克）	（毫克）	（毫克）	（毫克）	（毫克）	（毫克）
坚果种子类																	
核桃（干）	5.2	627	2 623	14.9	58.8	19.1	9.5	—	5	0.15	0.14	0.9	1	43.21	56	2.7	2.17
栗子（熟）	46.6	212	887	4.8	1.5	46	1.2	—	40	0.19	0.13	1.2	36	—	15	1.7	—
松子（炒）	3.6	619	2 590	14.1	58.5	21.4	12.4	—	5	…	0.11	3.8	…	25.2	161	5.2	5.49
花生（炒）	4.1	589	2 464	21.7	48	23.8	6.3	—	10	0.13	0.12	18.9	…	12.94	47	1.5	2.03
葵花籽（炒）	2	616	2 577	22.6	52.8	17.3	4.8	—	5	0.43	0.26	4.8	…	26.46	72	6.1	5.91
芝麻（白）	5.3	517	2 163	18.4	39.6	31.5	9.8	—	—	0.36	0.26	3.8	—	38.28	620	14.1	4.21
畜肉类及其制品																	
猪肉（肥，瘦）	46.8	395	1 633	13.2	37	2.4	—	80	18	0.22	0.16	3.5	—	0.35	6	1.6	2.06
猪肝	70.7	129	540	19.3	3.5	5	—	288	4792	0.21	2.08	15	20	0.86	6	22.6	5.78
猪血	85.8	55	230	12.2	0.3	0.9	—	51	—	0.03	0.04	0.3	—	0.2	4	8.7	0.28
猪肉松	9.4	396	1 657	23.4	11.5	49.7	—	111	44	0.04	0.13	3.3	—	10.02	41	6.4	4.28

续表

食物名称	水分	能量		蛋白质（蛋白质食品）	脂肪	碳水化合物	膳食纤维	胆固醇	维生素A	硫胺素	核黄素	尼克酸	抗坏血酸	维生素E	钙	铁	锌
	（克）	（千卡）	（千焦）	（克）	（克）	（克）	（克）	（毫克）	（毫克）	（毫克）	（毫克）	（毫克）	（毫克）	（毫克）	（毫克）	（毫克）	（毫克）
猪肾	75	137	573	16	8.1	0	—	—	46	0.29	0.69	6	7	0.33	2	4.6	1.98
火腿	47.9	330	1 381	16	27.4	4.9	—	120	46	0.28	0.09	8.6	—	0.8	3	2.2	2.16
牛肉（肥，瘦）	72.8	125	523	19.9	4.2	2	—	84	7	0.04	0.14	5.6	—	0.65	23	3.3	4.73
牛肚	83.4	72	301	14.5	1.6	0	—	104	2	0.03	0.13	2.5	—	0.51	40	1.8	2.31
牛筋	62	151	632	34.1	0.5	2.6	—	—	…	0.07	0.13	0.7	—	—	5	3.2	0.81
羊肉	65.7	203	849	19	14.1	0	—	92	22	0.05	0.14	4.5	—	0.26	6	2.3	3.22
羊肝	69.7	134	561	17.9	3.6	7.4	—	349	20 972	0.21	1.75	22.1	—	29.93	8	7.5	3.45
狗肉	76	116	485	16.8	4.6	1.8	—	62	12	0.34	0.2	3.5	—	1.4	52	2.9	3.18
兔肉	76.2	102	427	19.7	2.2	0.9	—	59	26	0.11	0.1	5.8	—	0.42	12	2	1.3
禽肉类及其制品																	
鸡	69	167	699	19.3	9.4	1.3	—	106	48	0.05	0.09	5.6	—	0.67	9	1.4	1.09
鸡翅	65.4	194	812	17.4	11.8	4.6	—	113	68	0.01	0.11	5.3	—	0.25	8	1.3	1.12

续表

食物名称	水分	能量		蛋白质（蛋白质食品）	脂肪	碳水化合物	膳食纤维	胆固醇	维生素A	硫胺素	核黄素	尼克酸	抗坏血酸	维生素E	钙	铁	锌
	（克）	（千卡）	（千焦）	（克）	（克）	（克）	（克）	（毫克）	（毫克）	（毫克）	（毫克）	（毫克）	（毫克）	（毫克）	（毫克）	（毫克）	（毫克）
肯德鸡（炸鸡）	49.4	279	1 167	20.3	17.3	10.5	—	198	23	0.03	0.17	16.7	—	6.44	109	2.2	1.66
瓦罐鸡汤（汤）	95.2	27	113	1.3	2.4	0	—	24	…	0.01	0.07	—	—	0.21	2	0.3	Tr
鸭	63.9	240	1 004	15.5	19.7	0.2	—	94	52	0.08	0.22	4.2	—	0.27	6	2.2	1.33
鸭肝	76.3	128	536	14.5	7.5	0.5	—	341	1 040	0.26	1.05	6.9	18	1.41	18	23.1	3.08
北京烤鸭	38.2	436	1 824	16.6	38.4	6	—	—	36	0.04	0.36	4.5	—	0.97	35	2.4	1.25
鹅	61.4	251	1 050	17.9	19.9	0	—	74	42	0.07	0.23	4.9	—	0.22	4	3.8	1.36
乳类及其制品																	
牛乳（强化AD）	89	51	213	2.7	2	5.6	—	—	66	0.02	0.08	0.1	3	—	140	0.2	0.38
羊乳	88.9	59	247	1.5	3.5	5.4	—	31	84	0.04	0.12	2.1	—	—	82	0.5	0.29

续表

食物名称	水分	能量		蛋白质（蛋白质食品）	脂肪	碳水化合物	膳食纤维	胆固醇	维生素A	硫胺素	核黄素	尼克酸	抗坏血酸	维生素E	钙	铁	锌
	（克）	（千卡）	（千焦）	（克）	（克）	（克）	（克）	（毫克）	（毫克）	（毫克）	（毫克）	（毫克）	（毫克）	（毫克）	（毫克）	（毫克）	（毫克）
人乳（母乳）	87.6	65	272	1.3	3.4	7.4	—	11	11	0.01	0.05	0.2	5	—	30	0.1	0.28
全脂牛乳奶粉	2.3	478	2 000	20.1	21.2	51.7	—	110	141	0.11	0.73	0.9	4	0.48	676	1.2	3.14
酸奶	84.7	72	301	2.5	2.7	9.3	—	15	26	0.03	0.15	0.2	1	0.12	118	0.4	0.53
奶油	0.7	879	3 678	0.7	97	0.9	—	209	297	…	0.01	0	…	1.99	14	1	0.09
黄油	0.5	888	3 715	1.4	98	0	—	296	—	—	0.02	—	—	—	35	0.8	0.11
炼乳	26.2	332	1 389	8	8.7	55.4	—	36	41	0.03	0.16	0.3	2	0.28	242	0.4	1.53
蛋类及其制品																	
鸡蛋（白皮）	75.8	138	577	12.7	9	1.5	—	585	310	0.09	0.31	0.2	—	1.23	48	2	1.1
鸡蛋（红皮）	73.5	156	653	12.8	11.1	1.3	—	585	194	0.13	0.32	0.2	—	2.29	44	2.3	1.01

续表

食物名称	水分	能量		蛋白质（蛋白质食品）	脂肪	碳水化合物	膳食纤维	胆固醇	维生素A	硫胺素	核黄素	尼克酸	抗坏血酸	维生素E	钙	铁	锌
	（克）	（千卡）	（千焦）	（克）	（克）	（克）	（克）	（毫克）	（毫克）	（毫克）	（毫克）	（毫克）	（毫克）	（毫克）	（毫克）	（毫克）	（毫克）
鸡蛋（土鸡）	72.6	138	577	14.4	6.4	5.6	—	1 338	199	0.12	0.19	Tr	…	1.36	76	1.7	1.28
鸭蛋	70.3	180	753	12.6	13	3.1	—	565	261	0.17	0.35	0.2	—	4.98	62	2.9	1.67
鸭蛋（松花蛋）	68.4	171	715	14.2	10.7	4.5	—	608	215	0.06	0.18	0.1	—	3.05	63	3.3	1.48
鹌鹑蛋	73	160	669	12.8	11.1	2.1	—	515	337	0.11	0.49	0.1	—	3.08	47	3.2	1.61
鱼、虾、蟹、贝类																	
鱼类																	
草鱼	77.3	113	473	16.6	5.2	0	—	86	11	0.04	0.11	2.8	—	2.03	38	0.8	0.87
黄鳝	78	89	372	18	1.4	1.2	—	126	50	0.06	0.98	3.7	—	1.34	42	2.5	1.67
鲤鱼	76.7	109	456	17.6	4.1	0.5	—	84	25	0.03	0.09	2.7	—	1.27	50	1	2.08
青鱼	73.9	118	494	20.1	4.2	0	—	108	42	0.03	0.07	2.9	—	0.81	31	0.9	0.96
鲶鱼	78	103	431	17.3	3.7	0	—	163	—	0.03	0.1	2.5	—	0.54	42	2.1	0.53

续表

食物名称	水分	能量		蛋白质（蛋白质食品）	脂肪	碳水化合物	膳食纤维	胆固醇	维生素A	硫胺素	核黄素	尼克酸	抗坏血酸	维生素E	钙	铁	锌
	（克）	（千卡）	（千焦）	（克）	（克）	（克）	（克）	（毫克）	（毫克）	（毫克）	（毫克）	（毫克）	（毫克）	（毫克）	（毫克）	（毫克）	（毫克）
鲢鱼	77.4	104	435	17.8	3.6	0	—	99	20	0.03	0.07	2.5	—	1.23	53	1.4	1.17
带鱼	73.3	127	531	17.1	4.9	3.1	—	76	29	0.02	0.06	2.8	—	0.82	28	1.2	0.7
鲫鱼（喜头鱼）	75.4	108	452	17.1	2.7	3.8	—	130	17	0.04	0.09	2.5	—	0.68	79	1.3	1.94
鳙鱼（胖头鱼）	76.5	100	418	15.3	2.2	4.7	—	112	34	0.04	0.11	2.8	—	2.65	82	0.8	0.76
黄鱼（小）	77.9	99	414	17.9	3	0.1	—	74	…	0.04	0.04	2.3	—	1.19	78	0.9	0.94
鲈鱼	76.5	105	439	18.6	3.4	0	—	86	19	0.03	0.17	3.1	—	0.75	138	2	2.83
虾类																	
虾皮	42.4	153	640	30.7	2.2	2.5	—	428	19	0.02	0.14	3.1	—	0.92	991	6.7	1.93
河虾	78.1	87	364	16.4	2.4	0	—	240	48	0.04	0.03	…	—	5.33	325	4	2.24
海虾	79.3	79	331	16.8	0.6	1.5	—	117	…	0.01	0.05	1.9	—	2.79	146	3	1.44
虾米	37.4	198	828	43.7	2.6	0	—	525	21	0.01	0.12	5	—	1.46	555	11	3.82

续表

食物名称	水分	能量		蛋白质（蛋白质食品）	脂肪	碳水化合物	膳食纤维	胆固醇	维生素A	硫胺素	核黄素	尼克酸	抗坏血酸	维生素E	钙	铁	锌
	（克）	（千卡）	（千焦）	（克）	（克）	（克）	（克）	（毫克）	（毫克）	（毫克）	（毫克）	（毫克）	（毫克）	（毫克）	（毫克）	（毫克）	（毫克）
蟹类																	
海蟹	77.1	95	397	13.8	2.3	4.7	—	125	30	0.01	0.1	2.5	—	2.99	208	1.6	3.32
河蟹	75.8	103	431	17.5	2.6	2.3	—	267	389	0.06	0.28	1.7	—	6.09	126	2.9	3.68
蟹肉	84.4	62	259	11.6	1.2	1.1	—	65	—	0.03	0.09	4.3	—	2.91	231	1.8	2.15
贝类																	
河蚌	85.3	54	226	10.9	0.8	0.7	—	103	243	0.01	0.18	0.7	—	1.36	248	26.6	6.23
牡蛎	82	73	305	5.3	2.1	8.2	—	100	27	0.01	0.13	1.4	—	0.81	131	7.1	9.39
扇贝(鲜)	84.2	60	251	11.1	0.6	2.6	—	140	…	Tr	0.1	0.2	—	11.85	142	7.2	11.69
蛤蜊	84.1	62	259	10.1	1.1	2.8	—	156	21	0.01	0.13	1.5	—	2.41	133	10.9	2.38
螺	73.6	100	418	15.7	1.2	6.6	—	—	26	0.03	0.4	1.8	—	7.58	722	7	4.6
小吃类																	
春卷	23.5	463	1 937	6.1	33.7	34.8	1	—	…	0.01	0.01	3	—	3.89	10	1.9	0.83

续表

食物名称	水分	能量		蛋白质（蛋白质食品）	脂肪	碳水化合物	膳食纤维	胆固醇	维生素A	硫胺素	核黄素	尼克酸	抗坏血酸	维生素E	钙	铁	锌
	（克）	（千卡）	（千焦）	（克）	（克）	（克）	（克）	（毫克）	（毫克）	（毫克）	（毫克）	（毫克）	（毫克）	（毫克）	（毫克）	（毫克）	（毫克）
煎饼	6.8	336	1 406	7.6	0.7	83.8	9.1	—	—	0.1	0.04	0.2	—	—	9	7	1.62
凉粉	90.5	37	155	0.2	0.3	8.9	0.6	—	—	0.02	0.01	0.2	—	—	9	1.3	0.24
面窝	38.1	289	1 209	5.2	10.7	44	1.1	—	—	0.01	0.01	0.7	—	1.53	38	0.4	0.01
年糕	60.9	154	644	3.3	0.6	34.7	0.8	—	…	0.03	—	1.9	—	1.15	31	1.6	1.36
热干面	63	152	636	4.2	2.4	28.7	0.2	—	—	Tr	Tr	—	—	0.29	67	2.8	…
豆皮	51.2	237	992	6	10.2	31	0.6	70	74	0.05	0.08	1.1	—	2.83	4	1.3	0.58
蛋糕、甜点类																	
蛋糕	18.6	347	1 452	8.6	5.1	67.1	0.4	—	86	0.09	0.09	0.8	—	2.8	39	2.5	1.01
月饼（豆沙）	11.7	405	1 695	8.2	13.6	65.6	3.1	—	7	0.05	0.05	1.9	—	8.06	64	3.1	0.64
麻花	6	524	2 192	8.3	31.5	53.4	1.5	—	…	0.05	0.01	3.2	—	21.6	26	—	3.06
核桃酥	5.4	481	2 013	7.1	21.8	65.1	1.1	—	—	0.02	0.05	2.3	—	14.14	48	3.1	0.69
绿豆糕	11.5	349	1 460	12.8	1	73.4	1.2	—	47	0.23	0.02	6.1	—	3.68	24	7.3	1.04

续表

食物名称	水分	能量		蛋白质（蛋白质食品）	脂肪	碳水化合物	膳食纤维	胆固醇	维生素A	硫胺素	核黄素	尼克酸	抗坏血酸	维生素E	钙	铁	锌
	（克）	（千卡）	（千焦）	（克）	（克）	（克）	（克）	（毫克）	（毫克）	（毫克）	（毫克）	（毫克）	（毫克）	（毫克）	（毫克）	（毫克）	（毫克）
速食食品																	
麦片	11.3	351	1 469	12.4	7.4	67.3	8.6	—	—	0.2	0.06	4.5	—	1.45	8	1.6	0.79
方便面	3.6	472	1 975	9.5	21.1	61.6	0.7	—	—	0.12	0.06	0.9	—	2.28	25	4.1	1.06
面包	27.4	312	1 305	8.3	5.1	58.6	0.5	—	—	0.03	0.06	1.7	—	1.66	49	2	0.75
饼干	5.7	433	1 812	9	12.7	71.7	1.1	81	37	0.08	0.04	4.7	3	4.57	73	1.9	0.91
饮料类																	
可乐（百事）	93.1	28	117	0.2	0.1	6.5	—	—	…	…	…	…	—	—	43	0.3	0.19
橙汁汽水	94.9	20	84	…	…	5.1	—	—	10	…	0.02	…	…	—	10	0.1	0.02
橘子汁	70.1	119	498	…	0.1	29.6	—	—	2	—	…	…	2	—	4	0.1	0.03
杏仁露	89.7	46	192	0.9	1.1	8.1	—	52	—	Tr	0.02	—	1	—	4	—	0.02
茶水	99.8	0	0	0.1	…	0	—	0.1	—	…	…	…	—	—	2	0.1	0.03
冰淇淋	74.4	127	531	2.4	5.3	17.3	—	—	48	0.01	0.03	0.2	—	0.24	126	0.5	0.37

续表

食物名称	水分	能量		蛋白质（蛋白质食品）	脂肪	碳水化合物	膳食纤维	胆固醇	维生素A	硫胺素	核黄素	尼克酸	抗坏血酸	维生素E	钙	铁	锌
	（克）	（千卡）	（千焦）	（克）	（克）	（克）	（克）	（毫克）	（毫克）	（毫克）	（毫克）	（毫克）	（毫克）	（毫克）	（毫克）	（毫克）	（毫克）
啤酒	96	31	130	0.4	0.1	—	—	—	—	—	0.05	1.2	—	—	4	0.1	0.21
糖及其制品类																	
白砂糖	Tr	400	1 674	…	…	99.9	…	—	—	…	…	…	…	—	20	0.6	0.06
冰糖	0.6	397	1 661	…	…	99.3	…	—	—	0.03	0.03	…	—	—	23	1.4	0.21
红糖	1.9	389	1 628	0.7	…	96.6	—	—	—	0.01	—	0.3	—	—	157	2.2	0.35
蜂蜜	22	321	1 343	0.4	1.9	75.6	—	—	—	…	0.05	0.1	3	—	4	1	0.37
奶糖	5.6	407	1 703	2.5	6.6	84.5	…	—	—	0.08	0.17	0.6	—	—	50	3.4	0.29
巧克力	1	586	2 452	4.3	40.1	53.4	1.5	—	—	0.06	0.08	1.4	—	1.62	111	1.7	1.02
油脂类																	
牛油	0.2	898	3 494	—	92	1.8	—	153	54	—	—	—	—	—	9	3	0.79
猪油（炼）	0.2	897	3 753	…	99.6	0.2	—	93	27	0.02	0.03	…	—	5.21	—	—	—
菜籽油	0.1	899	3 761	…	99.9	0	—	—	—	…	…	Tr	—	60.89	9	3.7	0.54
豆油	0.1	899	3 761	…	99.9	0	—	—	—	…	Tr	Tr	—	93.08	13	2	1.09

续表

食物名称	水分	能量		蛋白质（蛋白质食品）	脂肪	碳水化合物	膳食纤维	胆固醇	维生素A	硫胺素	核黄素	尼克酸	抗坏血酸	维生素E	钙	铁	锌
	（克）	（千卡）	（千焦）	（克）	（克）	（克）	（克）	（毫克）	（毫克）	（毫克）	（毫克）	（毫克）	（毫克）	（毫克）	（毫克）	（毫克）	（毫克）
花生油	0.1	899	3 761	…	99.9	0	—	—	—	…	Tr	Tr	—	42.06	12	2.9	0.48
色拉油	0.2	898	3 757	…	99.8	0	—	64	—	…	…	Tr	—	24.01	18	1.7	0.23
芝麻油（香油）	0.1	898	3 757	…	99.7	0.2	—	—	—	…	…	Tr	—	68.53	9	2.2	0.17
调味品类																	
酱油	67.3	63	264	5.6	0.1	10.1	0.2	—	—	0.05	0.13	1.7	—	—	66	8.6	1.17
醋	90.6	31	130	2.1	0.3	4.9	…	—	—	0.03	0.05	1.4	—	—	17	6	1.25
豆瓣酱	46.6	178	745	13.6	6.8	17.1	1.5	—	—	0.11	0.46	2.4	—	0.57	53	16.4	1.47
腐乳（白）	68.3	133	556	10.9	8.2	4.8	0.9	—	22	0.03	0.04	1	—	8.4	61	3.8	0.69
五香粉	12.4	348	1 456	1	8	73.3	5.3	—	—	…	0.03	1.5	—	9.59	181	34.4	2.79
精盐	0.1	0	0	…	…	0	…	—	—	—	—	—	—	—	22	1	0.24
味精	0.2	268	1 121	40.1	0.2	26.5	—	—	—	0.08	0	0.3	—	—	100	1.2	0.31

注：本表符号说明：—未测出，…未检出，Tr 微量，硫胺素（维生素 B_1），核黄素（维生素 B_2），尼克酸（维生素 PP），抗坏血酸（维生素 C）

摘录自《中国食物成分表 2002》

参考文献

区慕洁．育儿专家指导0～5岁智能开发．长春：吉林科学技术出版社，2008

薛辛东．儿科学．北京：人民卫生出版社，2005

王书荃，陈学峰．育婴员．北京：海洋出版社，2009

沈晓明，王卫平．儿科学（7）．北京：人民卫生出版社，2009

孙秀发．临床营养学（2）．北京：科学出版社，2009